IMPRIMERIE PROUX ET Ce, RUE NEUVE-DES-BONS-ENFANS, 3.

PÊCHE CÔTIÈRE,

PAR

LE COMTE JEAN D'HARCOURT,

CAPITAINE DE CORVETTE.

PARIS

AMYOT, LIBRAIRE-ÉDITEUR, RUE DE LA PAIX, 6.

1846.

PÊCHE CÔTIÈRE.

DÉLITS RELATIFS A LA PÊCHE COTIÈRE ET PEINES QUI LES AFFECTENT. — LEUR POLICE JUDICIAIRE. — LEUR JUSTICE.

Nous allons dire quelques mots concernant le poisson que l'on pêche sur le bord de la mer, et sur les moyens d'en avoir en plus grande abondance. Cette augmentation présenterait, outre son utilité intrinsèque, l'avantage d'accroître la population maritime, et se trouverait par conséquent servir, d'une manière indirecte, à la force et à la sécurité du royaume.

De temps à autre, à propos de la pêche côtière, des plaintes graves se font entendre. Elles viennent surtout de nos ports du littoral de la Manche. Nous nous proposons de discuter la valeur de ces réclamations et d'examiner en quoi il peut y avoir lieu de s'y rendre. Commençons par les résumer.

La pêche côtière, déclare-t-on, a cessé d'être assujétie aux restrictions et aux principes qu'avait établis une sage expérience. C'est au grand préjudice du bien général que les pêcheurs, agissant désormais sous la seule influence de l'intérêt privé, immédiat et imprévoyant, emploient pour leur industrie des instrumens nuisibles ou destructeurs. Le fond de la mer est agité et râclé, de la manière la plus préjudiciable à la reproduction du poisson, par des dragues et filets traînans qui arrachent le frai ou le frétin. Parmi ces engins, se remarque le rets-traversier ou chalut, sorte de grande poche, dont l'ouverture est maintenue béante au fond de l'eau, par le moyen de chaînes, de barres et de chandeliers d'un poids très considérable, et laquelle poche le pêcheur remorque rapidement à l'aide d'un câble fixé à l'arrière de son bateau. Certaines pêches où il faut faire aller le filet lentement, ou bien même le conserver toujours à la même place, sont gênées ou empêchées par d'autres pêches dans lesquelles le filet se tire au contraire avec une vitesse désordonnée. Ces manœuvres violentes nuisent surtout à la pêche des harengs. Effarouchées et dispersées, les colonnes de harengs sont par là contraintes d'aller se porter en d'autres lieux.

On ajoute : ce n'est pas seulement en mer que se pratique, à l'égard du poisson de mer, le plus fâcheux braconnage ; c'est encore sur les côtes. Des enclos appelés parcs, mouillères ou tentes sont construits sur la grève. L'usage n'est pas mauvais en lui-même, seulement il le devient par la manière dont on l'applique. Ces enclos sont destinés à garder, au moment où l'eau se retire, le poisson qui y a été porté par la marée montante ; s'ils ne gardaient que les poissons déjà gros, ce serait une pêche comme une autre ; mais la contexture de ces enclos est telle que les poissons du premier âge s'y trouvent retenus. Là est le grand mal. Un des grands appâts qu'offre ce genre de pêche, c'est qu'on se sert du frétin ainsi pris pour fumer les terres voisines.

En fin de compte, observent les réclamans, toutes les races de poisson diminuent et se perdent chaque jour sur nos côtes. Par là, nos pêcheurs tombent peu à peu dans la pauvreté, dans le découragement, et se voient, pour l'avenir, menacés d'indigence et de ruine. Enfin, toute la nation dévient, pour une industrie si précieuse, et pour une denrée si indispensable, tributaire de l'étranger.

Voilà les griefs qu'on exprime.

Notre opinion est que ces griefs ne manquent point de réalité.

La matière a été de notre part l'objet de quelqu'attention ; mais il est plus malaisé qu'on ne saurait le croire, d'obtenir, sur un sujet pareil, des notions exactes. Nous nous sommes adressés principalement à trois classes de personnes : aux écrivains qui ont traité de la pêche côtière, aux pêcheurs eux-mêmes, et en troisième lieu, aux officiers particulièrement chargés de la police judiciaire des délits de pêche, à savoir, les administrateurs ou commissaires des quartiers d'inscription maritime, et les officiers de vaisseau commandant les bâtimens garde-pêche. Ceux-ci sont nos camarades et nous ont souvent entretenus des choses qui forment leur mission : si quelque vérité est renfermée dans ces lignes, ce sera surtout à leurs communications bienveillantes que nous devrons de l'avoir mise au jour. Cette troisième classe de personnes, commissaires d'inscription maritime et officiers de vaisseau, cette classe de personnes est dans une assez bonne position pour connaître la vérité. Les uns et les autres de ces agens se trouvent placés plus près des faits que les hommes de théorie, et les voient cependant de plus haut que les hommes purement pratiques, état intermédiaire qui permet à la fois de distinguer les détails dont les faits se composent et d'embrasser les causes qui les produisent.

Toutefois nous ne dirons pas, comme c'est souvent l'habitude, pour donner du poids à des assertions qui en manquent par elles-mêmes, avoir recueilli, sur les objets dont nous allons parler, des avis unanimes. Loin de là, nous reconnaîtrons sincèrement que, sur toute cette matière des délits de pêche, les idées nous ont paru très variées et très divergentes quelquefois. Nous avons choisi celles qui nous ont semblé le mieux justifiées, et, avec leur aide, nous avons corrigé notre propre manière de voir.

Un point nous a d'abord paru avéré : c'est que nos côtes sont aujourd'hui moins poissonneuses qu'autrefois. Le fait, quant au hareng, est de notoriété publique : à une époque antérieure, ce poisson se rencontrait dans différens endroits de notre littoral de la Manche, tandis qu'aujourd'hui on le trouve à peine entre Dieppe et l'embouchure de la Somme. Et pour ce qui concerne ce qu'on appelle le poisson de fond, par exemple la raie, la sole ou le turbot, on ne voit pas qu'autrefois la côte anglaise offrît à nos pêcheurs autant d'appât que maintenant, lorsque cependant, par des motifs de religion, la demande d'alimens maigres devait être plutôt plus considérable. Le besoin de poisson a probablement diminué en France, et en même temps il arrive que nos côtes ont plus de peine à y suffire. En réalité, il se mange en France fort peu de poisson de mer. On n'en fait guère un grand usage qu'à Paris; c'est une rareté en province, et, dans les ports même, on a souvent de la peine à s'en procurer. Il semble prouvé qu'il y a dans ces temps-ci, sur les côtes françaises, moins de poisson que durant le dernier siècle et que durant le siècle d'avant.

Remarquons ensuite que le nombre de nos pêcheurs est d'environ vingt-sept mille, dont peut-être un tiers d'invalides, et que, d'autre part, le développement de nos côtes est d'environ cinq cents lieues. Je dis que, pour cinq cents lieues de côte, c'est peu que vingt-sept mille pêcheurs.

Voyez en effet ce qui se passe ailleurs à cet égard. Les côtes britanniques offrent un développement d'à peu près quinze cents lieues, triple par conséquent de celui que nos côtes présentent. Eh bien, d'après tous les renseignemens que nous avons pu recueillir, le chiffre des pêcheurs de la Grande-Bretagne est beaucoup plus que trois fois supérieur au nombre des pêcheurs français. Des officiers qui ont visité le littoral de nos voisins nous ont fait connaître, que la population livrée à l'industrie de la pêche, s'y voit beaucoup plus condensée que chez nous, et que cela se remarque particulièrement sur la côte Est de l'Angleterre.

Et si, pour examiner cette matière, nous faisons une petite excursion dans l'histoire, nous observons les choses que dit le hollandais de Witt, dans un ouvrage où il traite de la pêche à laquelle se livrait autrefois le peuple des Provinces-Unis. De Witt rapporte, d'après l'autorité de Sir Walter Raleigh, qu'au commencement du dix-septième siècle, les pêcheries des côtes de la Grande-Bretagne employaient cent cinquante mille matelots hollandais; car c'étaient alors des Hollandais qui pêchaient le poisson des côtes britanniques. Cela faisait donc cent cinquante mille pêcheurs pour quinze cents lieues de côte.

Revenant aux temps présens, nous trouvons, dans des rapports qui sont présentés annuellement, sur ce sujet, au parlement de la Grande-Bretagne, que la population adonnée à la petite pêche sur les côtes anglaises, y est évaluée à plus de cent cinquante mille individus.

Restons à ce chiffre de cent cinquante mille.

Nous comptons ainsi, en Angleterre, cent cinquante mille pêcheurs pour quinze cents lieues de côte, soit cent pêcheurs par lieue, tandis qu'en France nous n'avons que vingt-sept mille pêcheurs pour cinq cents lieues de côtes, soit, par lieue, cinquante-quatre pêcheurs; cinquante-quatre d'une part et cent de l'autre. Maintenant, cette différence vient-elle de quelque cause naturelle ou bien de notre maladresse? Telle est la question. Nous ne la préjugeons point ici, nous nous bornons à l'énoncer. Au moins cette différence doit-elle nous donner à réfléchir. La quantité de poisson que fournissent nos côtes n'est pas en proportion avec leur étendue. Il s'agit de savoir si ce n'est point par notre faute que se fait sentir cette pénurie comparative.

Cherchons à nous rendre compte de l'influence que la loi, en général, peut exercer sur cette question, sur la conservation de la pêche côtière.

Les délits de pêche sont, à bien des égards, analogues au braconnage qui, dans nos campagnes, se pratique sur le gibier. Mais ces deux sortes de délits, pareils sous certains rapports, ne se ressemblent plus sur un autre point, sur un point fort important. On trouve entr'eux une grande différence, quant à la répression dont ils peuvent être l'objet.

Dans les délits de chasse et dans les délits de pêche, l'intérêt privé ne fait pas le même office. La propriété particulière est intéressée à la répression des délits de chasse. La conservation du gibier n'est pas moins un intérêt privé qu'un intérêt public. Si l'intérêt public est attaqué, à l'égard de la chasse, par certains intérêts particuliers, ceux des braconniers ; d'autres intérêts privés, ceux des propriétaires, ne demandent pas mieux que de prêter au bien général, dans ces mêmes affaires de chasse, leur assistance et leur appui, parce que leur propre avantage et le bien commun sont ici solidaires l'un de l'autre.

Pour la pêche, les choses ne se passent point de cette façon. La mer est à tous. Sur mer, il n'y a point de propriété privée. C'est là une cause qui tend à rendre les délits de pêche beaucoup plus difficiles à réprimer que les délits de chasse. Quant aux délits de pêche, l'intérêt public se trouve seul aux prises avec l'avidité des braconniers.

Mais, dira-t-on, les pêcheurs ne sauraient-ils aussi être considérés comme propriétaires ? Ne leur importe-t-il point que le poisson se conserve ? Sans doute, cet objet de conservation a, pour eux, une grande importance ; cependant c'est un objet éloigné. Deux intérêts, d'ordres divers, se trouvent ici en lutte : un intérêt considérable, mais distant, c'est que le poisson se conserve ; un intérêt moindre, mais immédiat, celui de prendre sans peine une grande quantité de poisson. Cet intérêt-ci l'emporte sur cet intérêt là. On est ainsi fait. Ce n'est qu'à la longue que se découvrent les fâcheux résultats du braconnage qui se pratique à propos de la pêche côtière : les hommes ne voient pas de si loin, et l'expérience les montre ici, au moins autant qu'ailleurs, fortement enclins à tuer la poule aux œufs d'or.

Nous vivons dans un temps où l'intérêt particulier est toujours disposé à empiéter sur le bien général, lorsque ce dernier n'est pas gardé avec soin. Or, on vient de voir que, dans la pêche côtière, la garde du bien public offre des circonstances particulièrement difficiles et désavantageuses. Cette considération doit faire craindre que l'intérêt public ne soit, ici, en souffrance.

Ainsi : 1° notre pêche côtière a dépéri, relativement à son ancien état ; 2° notre pêche côtière est petite, eu égard à l'étendue du littoral ; 3° une considération puissante, de l'ordre moral et politique, porte à penser que si les intérêts de notre pêche côtière sont en souffrance, c'est que la loi les garde mal.

C'est ce dernier point que nous nous proposons d'examiner.

Nous regarderons d'abord ce qu'est aujourd'hui la législation qui régit la pêche du poisson frais. Puis, si nous la trouvons défectueuse, nous aviserons aux moyens de l'améliorer. Dans cette recherche, nous commencerons par prendre les conseils de l'expérience : nous verrons comment cette matière était gouvernée dans l'ancien temps. Après quoi, réfléchissant aux élémens nouveaux dont maintenant la question se compose, à de nouveaux usages, à une nouvelle administration, à une nouvelle société, nous dirons quelles réformes il nous semblerait opportun d'introduire dans la législation actuelle.

ÉTAT ACTUEL.

Trois choses sont nécessaires pour qu'il soit possible de réprimer, régulièrement et sans violence, les infractions faites aux règles sociales : premièrement, la définition de l'infraction avec celle de la peine qui s'y attache ; deuxièmement, une police judiciaire destinée à rechercher l'infraction, à en rassembler les preuves et à livrer le contrevenant à la juridiction compétente ; troisièmement, cette juridiction elle-même, avec sa formation, avec les procédés suivant lesquels l'infraction lui est déférée, le mode d'instruire, l'arrangement des débats, la forme de la sentence.

Quant à la spécification des délits et des châtimens relatifs à la pêche côtière, une remarque se présente tout d'abord : c'est qu'aucun acte, ni même aucun recueil général, ne présente, dans le même corps de loi, l'énoncé de ces infractions et de ces peines.

Sur ce sujet, l'ancienne législation subsiste. Aucune disposition postérieure ne l'a encore abrogée. Une ordonnance du 13 mai 1818, concernant l'emploi du rets-traversier, dans l'arrondissement maritime de Cherbourg, renvoie, pour les pénalités que les pêcheurs peuvent encourir dans certains cas, à l'ordonnance sur la marine du mois d'août 1681, à des arrêts de 1727 et de 174 4

Depuis l'ancien régime, il est principalement intervenu, sur la pêche côtière, trois actes nouveaux : une loi de ventôse an XI; cette ordonnance du 13 mai 1818 ; et en troisième lieu, le règlement de mai 1843, qu'on marque l'intention de promulguer prochainement.

Ces trois nouveaux actes sont essentiellement insuffisans à régir la pêche ; par exemple, il n'y est fait aucune mention des parcs, mouillières ou tentes. Cependant, si j'en crois tous les renseignemens qui m'ont été fournis, les plus graves abus se commettent à cet égard. Si on voulait sévir contre les délits relatifs à ces enclos, on n'aurait d'autre moyen que de recourir à la loi ancienne. La loi ancienne subsiste, en ce sens, et pour ces deux raisons, à savoir : premièrement, qu'elle n'a pas été abrogée ; deuxièmement, qu'il n'y en a pas d'autre.

Mais, d'un autre côté, il arrive que la loi ancienne est souvent inapplicable par plusieurs motifs. Il arrive que la loi ancienne se complique de formes qui ne peuvent plus être employées, suppose des juridictions qui n'existent plus, prononce des peines que nos codes ont abolies : les lois anciennes sur la pêche prononcent quelquefois des peines corporelles. La loi ancienne est donc, dans certaines circonstances, un instrument dont on ne saurait faire usage ; d'un autre côté, sur ces mêmes objets, la loi nouvelle reste silencieuse : il se rencontre alors que des points fort importans de la pêche ne sont aucunement réglés ; c'est ce qui se présente, croyons-nous, pour toute la partie de la pêche du poisson de mer qui se fait sur le rivage.

Si ces actes, tant anciens que nouveaux, sont considérés dans leur ensemble, on trouve entre eux souvent défaut de cohésion, quelquefois des contradictions flagrantes. Voici, par exemple, ce qui existe pour le chalut ou rets-traversier. A l'heure qu'il est, deux ordonnances règlent l'emploi de cet instrument : une ordonnance du 31 octobre 1744, et une ordonnance du 13 mai 1818. Celle-ci, considérée apparemment comme trop mauvaise à certains égards, reste, sur ces points, sans exécution, et on se conforme, en partie, à celle de 1744. Sous d'autres rapports, c'est le contraire. La loi de 1744 dispose qu'on se servira du rets-traversier à une lieue, ou plus, de distance des côtes, mais seulement depuis le 1er septembre jusqu'au 30 avril de l'année suivante. C'est autrement que procède l'ordonnance de 1818 : il y est convenu qu'on se servira du rets-traversier en toute saison, mais sous cette restriction de se placer à au moins deux lieues des côtes, si c'est pendant l'hiver ou l'automne, et de s'en éloigner jusqu'à trois lieues, si c'est pendant l'été ou le printemps, différence calculée en vue de donner plus d'aisance au poisson pour son frai, qui se dépose durant les chaleurs. Aucune de ces deux lois n'est exécutée. La pratique s'éloigne pareillement de l'une et de l'autre. Le chalut s'emploie à trois milles des côtes, ce que prohibe l'ordonnance de 1818, et, en toute saison, ce qu'interdit celle de 1744.

Le règlement de mai 1843 a déterminé les dimensions, la forme et le poids des instrumens de pêche dont il est permis de se servir sur les côtes de la Manche; mais croit-on que, lorsqu'il s'agira de statuer sur les infractions commises contre ces dispositions par les pêcheurs, croit-on que, pour les tribunaux qui seront appelés à en connaître, la lettre de ce règlement soit bien respectable? Les pêcheurs se targueront de l'usage et des lois anciennes, et on les écoutera. Les tribunaux feront ce qu'ils ont presque toujours fait jusqu'ici, c'est à dire qu'ils acquitteront ou se déclareront incompétens. Ils sont, jusqu'à un certain point, autorisés à tenir cette conduite et à montrer cette indulgence, en présence de dispositions complexes, obscures, divergentes, émanant de sources et portant des sanctions diverses.

Et tels sont, croyons-nous, les principaux caractères de cette partie de la législation qui spécifie les infractions et les peines relatives à la pêche côtière.

Nous allons traiter, maintenant, d'autres points de notre sujet : la police judiciaire; ensuite, la justice proprement dite ; généralement, ce qui tient à l'instruction des délits de pêche.

La police judiciaire des délits de pêche repose principalement sur la coutume. On s'écarte très peu de la vérité en disant qu'il n'y est pourvu par aucune loi en vigueur. Ce soin appartenait autrefois à certains offices d'amirauté. Ces offices n'existent plus. Aujourd'hui, cette police est surtout exercée par deux sortes d'agens que nous avons déjà nommés : les commissaires des quartiers d'inscription maritime, et les officiers de vaisseau commandant les bâtimens garde-pêche. Ni les uns ni les autres de ces agens ne sont réputés officiers de police judiciaire par le code d'instruction criminelle. Cette qualité n'est donnée par aucune loi aux officiers de vaisseau commandant les bâtimens garde-pêche. La loi du 13 mai 1818 ne l'attribue que très incomplètement aux commissaires d'inscription maritime. Cette loi du 13 mai 1818 est spéciale pour la pêche du rets-traversier et pour l'arrondissement de Cherbourg, et aucun autre acte, que nous sachions, ne confère à ces administrateurs les fonctions d'officiers de police judiciaire pour les délits de pêche.

Il y a là des usages, il y a là des précédens, des dispositions ministérielles ; il n'y a point de loi. A vrai dire, la législation ne détermine point par qui ni comment seront recherchées les infractions aux règles de la pêche maritime. Si l'on se rapportait seulement à la loi, les délits de pêche ne seraient recherchés que par les procureurs du roi, par les juges de paix, les maires, les commissaires de police, c'est à dire qu'ils ne seraient recherchés aucunement, et qu'ils se commettraient en toute liberté.

Voyons maintenant ce que c'est que ces usages, ce que c'est que ces précédens, ce que c'est que ces dispositions ministérielles. Examinons l'affaire au fond. Regardons comment se pratique, en réalité, la police judiciaire des délits de pêche.

Dans l'état actuel des choses, cette tâche se divise en deux parties : d'un côté, la surveillance dans le port et généralement à terre; de l'autre, la surveillance au large. Ce dernier soin appartient à l'officier de vaisseau ; tandis que la surveillance à terre échoit au commissaire d'inscription maritime. Au premier abord, il semble que cela soit au mieux, que ce partage soit tout naturel, et qu'il ne puisse en être autrement. Pourtant, en y regardant de plus près, nous trouvons que cette division est fâcheuse, et qu'elle empêche aucune responsabilité de peser ni sur l'un ni sur l'autre des deux agens : voici pourquoi.

Parmi les délits de pêche, on distingue ceux qui concernent les filets. La visite des filets ne peut se faire commodément que dans le port. A la mer, en effet, on serait, la plupart du temps, trop pressé pour procéder à cette opération. A la mer, et surtout le long des côtes, il faut presque toujours manœuvrer vivement, à la minute. Pêcheur et garde-pêche seront, le plus fréquemment, chacun de son côté, très occupés d'eux-mêmes. Dans ces circonstances, un examen minutieux des filets serait une mesure souvent difficile, quelquefois impraticable, toujours vexatoire. L'opération ne peut bien se faire qu'au repos, le long du quai. Par ces raisons, la surveillance des filets appartient particulièrement au commissaire.

Le commissaire a pour cela ses syndics, ses gardes maritimes et ses gendarmes maritimes. Mais on ne peut guère compter sur les syndics et sur les gardes maritimes, par la raison que ces officiers subalternes sont les compagnons des pêcheurs, lorsqu'ils ne sont point pêcheurs eux-mêmes, ce qui fait que, d'habitude, ils serviront aux délinquans de compères plutôt que de leur inspirer aucune crainte. Quant aux gendarmes, d'abord ils sont peu nombreux ; ensuite ils n'entendent rien à la marine ; de plus, ils habitent à terre : pour échapper à leur surveillance, il ne s'agit que d'embarquer l'instrument prohibé au dernier moment, ce qu'il est toujours facile de faire. On pousse au large, et le tour est joué.

D'ailleurs, l'administrateur se dit toujours, qu'après tout, ce qui est interdit, ce n'est pas tant d'avoir certains filets que de s'en servir, et que, pour ce qui est de s'en servir, le garde-pêche est là.

L'officier de vaisseau garde-pêche raisonne en sens opposé. Il observe qu'il n'y a pas lieu de voir si on n'emploie pas des filets prohibés, parce que des filets semblables ne doivent pas exister à bord des bateaux pêcheurs, et que, pour s'assurer de cette non existence, le commissaire est là. Il ne veut pas prendre un soin dont un autre est chargé. Et puis, comme nous venons de le dire, ce soin, à la mer, rencontrerait beaucoup d'obstacles. En outre, l'officier de marine n'a point sous ses ordres, pour cette visite, d'agens spéciaux. Par ces raisons, il se contente de voir qu'on se conforme aux règlemens quant aux lieux de pêche, et il néglige les moyens de pêcher.

C'est ainsi que les choses se passent. Prises à part, la surveillance de l'officier de vaisseau et celle du commissaire sont inefficaces. Prises ensemble, elles le sont davantage, parce que ces deux sortes d'officiers se rejettent leur tâche les uns sur les autres.

La surveillance de l'administrateur n'est pas assez nautique pour s'exercer sur des marins et dans des faits de marine. Celle de l'officier de vaisseau manque des moyens et peut-être du droit de s'exercer à terre. Et cependant les délits de pêche se pratiquent partie sur le rivage et partie à la mer. Pour bien faire, il faudrait donc que la même autorité en fît la recherche ici et là. Il faudrait de deux choses l'une : ou bien que l'officier garde-pêche fût chargé du tout, et, à cette fin, disposât du concours des syndics, des gardes maritimes, des gendarmes maritimes, sinon de celui des capitaines et maîtres de port du commerce ; ou bien que l'officier de vaisseau fût placé lui-même, avec tous les moyens qu'il a entre les mains, sous la direction et l'autorité du commissaire d'inscription maritime.

Nous dirons plus bas, exactement, ce qu'il nous paraîtrait convenable de faire à cet égard. A présent, nous nous bornons à indiquer ce qui existe, et ce qui existe ici, c'est un défaut, dans la police judiciaire des délits de pêche, d'ensemble et d'unité.

Pourtant, ces deux agens, l'officier de vaisseau et le commissaire d'inscription maritime, ne reconnaissent-ils pas des chefs communs dont ce doit être précisément le soin de diriger vers un même but les efforts de leurs subordonnés ? Oui, ces chefs communs existent; mais quand on va au fond des choses, on s'aperçoit que leur commandement n'est guère, en ce qui concerne la pêche, que fictif et nominal.

L'officier et le commissaire sont placés : en premier lieu, sous l'autorité immédiate du commissaire général chef du sous-arrondissement; après, sous l'autorité supérieure de la préfecture maritime dont le sous-arrondissement fait partie. Cette dernière autorité devrait agir sur eux, en ce qui concerne les délits de pêche, à peu près comme s'exerce, pour d'autres délits, sur d'autres agens de la force publique, l'autorité des cours royales. Mais si, en théorie, la position est la même, elle devient, à l'application, tout-à-fait différente. La différence, c'est que le commandement des procureurs généraux sur les officiers de police de leur ressort est fort efficace, tandis que la surveillance des préfets maritimes sur les officiers préposés à la garde de la pêche est fort illusoire.

Les préfets maritimes ne sauraient surveiller efficacement la pêche, et cela pour trois raisons : d'abord, parce que, la plupart du temps, la matière leur est inconnue; ensuite, parce qu'ils sont trop loin des faits, parce que la circonscription de leur autorité est trop grande ; et puis encore, parce qu'ils sont surchargés de soins de tout autre ordre. Voilà pour l'autorité attribuée, sur la pêche, aux préfets maritimes. Reste l'autorité des chefs de sous-arrondissemens.

Le commandement dont sont pourvus, à l'égard de la pêche, les commissaires généraux chefs de sous-arrondissement, ce commandement ne sert de rien et est comme une lettre morte, parce que la pêche est, en partie, de la marine naviguante, que les commissaires généraux ne sont point de la marine naviguante, et que c'est, en France, un préjugé enraciné, que tout ce qui n'appartient pas à la marine active, possède le droit et le privilége de n'y rien comprendre.

Au total, la police des délits de pêche n'obéit point à aucun commandement supérieur. Elle s'arrête chez l'officier garde-pêche et chez le commissaire de quartier; c'est là seulement qu'elle réside ; on ne s'en occupe point autre part.

Si nous réunissons les différentes remarques qui viennent d'être faites sur la police judiciaire des infractions aux règles de la pêche maritime, cette police nous paraît manquer : premièrement, dans son origine, de légalité ; deuxièmement, dans ses détails, d'accord et de concert ; troisièmement, dans son ensemble, de surveillance et de contrôle.

Nous allons voir maintenant quelles juridictions connaissent des délits de pêche.

Ici, nous rentrons tout-à-fait dans la loi. Les délits de pêche ressortent de la justice ordinaire. Deux sortes de tribunaux peuvent en être saisis : les tribunaux de police et les tribunaux correctionnels. Si l'infraction emporte soit quinze francs d'amende ou au dessous, soit cinq jours d'emprisonnement ou au dessous, elle ne constitue qu'une simple contravention, et alors l'affaire peut être déférée soit au maire, soit au juge de paix, soit à ces deux officiers réunis. Si, au contraire, la peine à laquelle l'infraction peut donner lieu excède une amende de quinze francs ou un emprisonnement de cinq jours, les juges correctionnels, c'est à dire les premiers juges civils siégeant en matière correctionnelle, ont seuls le droit de la prononcer.

Le tribunal compétent a été saisi de la cause. Par quels agens le ministère public y sera-t-il représenté ? Qui sera chargé d'exposer l'affaire, de l'expliquer, de répondre à la défense du prévenu ? Le ministère public aura là ses agens ordinaires. S'il s'agit de l'audience du juge de paix, ce sera un commissaire de police, un maire ou un adjoint de maire. Devant le tribunal correctionnel, ce sera le procureur du roi ou son substitut.

Qui ne voit le grand risque que l'affaire ne soit que très imparfaitement connue de ces officiers ? La pièce principale sera ordinairement un rapport du commissaire de quartier ou du capitaine du garde-pêche. Mais les détails qui y seront traités pourront-ils être appréciés sainement par les agens ordinaires du ministère public ? Evidemment non.

Il convient de s'arrêter ici à une observation importante.

Dans le plus grand nombre des infractions sur lesquelles les tribunaux sont appelés à statuer, l'action est double. Il y a une action privée et une action publique, une action civile et une action criminelle. La plupart des contraventions, délits ou crimes, constituent : d'un côté un préjudice causé à des individus, de l'autre une injure à la loi. L'injure à la loi est recherchée seulement par le ministère public, représentant la société. Mais l'individu est admis à poursuivre le redressement du tort qui lui a été infligé. Aussi, dans presque toutes les causes criminelles, dans les causes de police, correctionnelles, ou criminelles proprement dites, voyons-nous une partie réclamante, une partie qui demande des dommages-intérêts. Et si les dommages-intérêts sont la seule chose que la partie civile soit, juridiquement, autorisée à demander, en réalité ils forment, de plus, un manteau à l'abri duquel peuvent agir de légitimes ressentimens.

Souvent donc les intérêts privés se chargent d'éclairer une cause crimininelle, correctionnelle ou de police : et les intérêts privés sont fort perspicaces. De là, tant pour le magistrat qui a intenté l'action que pour celui qui doit la juger, une grande source de lumière.

Il en est autrement pour les délits de pêche. Ici, point de propriété particulière, point d'infractions contre les personnes; le délit est exclusivement public. Aucun intérêt privé ne prendra la parole pour aider à le faire connaître. De là, soit pour le ministère public, soit pour le juge, une grande cause d'obscurité et d'incertitude.

Ainsi : d'une part, la matière du délit est particulièrement inconnue du tribunal; de l'autre, la vérité ne trouve pas, dans ce genre d'affaires, en dehors du tribunal, ses auxiliaires accoutumés.

Le cas a été prévu pour les délits forestiers poursuivis à la requête de l'administration. A cet égard on s'est dit deux choses : d'abord, on a obervé que les délits forestiers sont une matière spéciale, une matière dans laquelle il faut être particulièrement versé pour bien apprécier la gravité de l'infraction; ensuite, on a réfléchi que les individus ne prennent pas un intérêt direct à la conservation du bien de l'Etat; et de ces deux observations on a conclu que la répression du délit forestier commis dans les forêts nationales exigeait des mesures particulières. En conséquence, voici ce qu'a prescrit le code d'instruction criminelle. En premier lieu, ces délits forestiers sont soustraits au degré inférieur de la juridiction pénale, au tribunal de police; c'est le tribunal correctionnel qui devient pour eux le degré inférieur. Puis, le code d'instruction criminelle dispose que, dans ce genre d'infractions, les fonctions du ministère public ne seront plus seulement remplies par les magistrats habituels du parquet; mais aussi, et en outre, par des agens spéciaux, par les gardes, par les conservateurs, par les inspecteurs des forêts.

Voilà les mesures spéciales qui ont été prises, pour assurer la répression de délits, spéciaux dans leur nature et dans leur objet. A l'égard des délits de pêche, la loi n'a pas eu la même prévoyance, et pourtant, ils sont spéciaux et publics, peut-être encore à un plus grand degré que les délits commis dans les forêts de l'État.

Les moyens réguliers et ordinaires d'instruire les délits de pêche sont donc très imparfaits.

Cependant, si les juges estiment que l'instruction est restée insuffisante, n'ont-ils pas les moyens d'obtenir des renseignemens plus amples? Ne leur est-il pas loisible d'ordonner une enquête, d'appeler de nouveaux témoins, et, par exemple, de prescrire la comparution du commissaire ou du capitaine garde-pêche qui aura dressé le rapport? Sans doute ils le peuvent. Mais, ici, nous devons dire le gros mot: c'est que, le plus souvent, ils n'en auront pas la bonne volonté.

Deux choses leur manquent, pour bien remplir leurs fonctions, à l'égard des délits de pêche: la première, comme il est évident, c'est la connaissance de l'objet du délit; la seconde, c'est le zèle et l'impartialité de la justice. Je vais dire pourquoi, dans le cas spécial dont nous nous occupons, ces deux qualités leur font défaut: cela vient de l'esprit de localité.

Peut-être l'esprit de localité se fait-il, à un certain degré, déjà sentir dans les tribunaux correctionnels. Les tribunaux de police sont des juridictions essentiellement locales. Or, il semble que l'esprit de localité doive être fort nuisible à la justice des délits de pêche. Qu'une juridiction locale soit saisie d'un débat entre des intérêts privés, ou bien d'une infraction à la loi qui soit de nature à porter à des intérêts privés un préjudice évident et immédiat; dans ces circonstances, il n'existe pas de cause première pour que cette juridiction prononce une décision partiale. Sollicité, d'un côté comme de l'autre, par des intérêts privés, le magistrat local tiendra sans doute, entr'eux, la balance bien droite. Là se trouvent de fortes garanties de justice. Mais, devant ce même juge, placez en présence : d'un côté, un intérêt public éloigné, de l'autre, un intérêt privé immédiat, et vous pouvez hardiment prévoir que l'intérêt privé prévaudra et que l'intérêt public sera sacrifié.

Plus les juridictions s'élèvent et plus elles se dégagent des considérations particulières et de l'esprit de partialité. Plus elles sont inférieures, et plus, au contraire, elles y obéissent. Il est à présumer que l'intérêt général tiendra plus de place dans les idées d'un magistrat de la cour suprême qne dans l'esprit d'un maire de village. Si, dans la hiérarchie des juridictions, l'on fait attention au rang des tribunaux correctionnels et à celui des tribunaux de police, on est porté à croire que ceux-là seront médiocrement, et que ceux-ci ne seront nullement disposés à donner satisfaction à des intérêts d'un caractère uniquement général et d'une réalisation lointaine, non soutenus par des intérêts privés.

Il y a donc tout lieu de penser que l'information des délits de pêche se sera réduite à une formalité vaine, et que les juges ne demanderont pas autre chose. L'indulgence du ministère public sera probablement dépassée par celle du tribunal.

En fait, la justice montre, à l'égard des délits de pêche, un caractère si débonnaire, que l'administration de la marine a presqu'entièrement renoncé à les lui déférer.

Nous résumant sur ces trois points de l'énoncé, de la police judiciaire et de la justice de ce genre d'infractions, nous les trouvons : 1° obscurément ou contradictoirement définies ; 2° recherchées et poursuivies négligemment ; 3° jugées avec mollesse et presque toujours partialement acquittées.

Voilà quel est, sur cette matière, l'état de la législation et celui de la jurisprudence.

Une situation semblable est évidemment susceptible d'améliorations et de réformes. En quoi ces améliorations devraient-elles consister? Là est la question. Beaucoup de plaintes se produisent. Ces plaintes sont fondées ; mais les remèdes qu'on propose sont un peu vagues. On regrette les ordonnances de Louis XIV et de Colbert, et on parle de les rétablir. La chose est difficile. Tout a été changé; la société n'est plus la même ; pour ces anciennes règles on ne retrouverait plus les mêmes bases. Il faut faire sur du neuf.

Cependant, ne négligeons pas les conseils de l'expérience, et commençons par examiner comment la matière était régie autrefois.

ANCIENNE LOI.

Nous parlerons peu de l'ancienne législation, en ce qui concerne la définition des délits. A cet égard, on peut, sur bien des points au moins, la considérer comme étant encore en vigueur, notamment pour ce qui a trait aux parcs, pêcheries, tentes, et tous enclos à terre ; et ce que nous nous proposons d'examiner maintenant, ce sont principalement les objets sur lesquels la législation d'autrefois différait de la législation actuelle. Ici donc, où les deux lois se confondent, nous devons être courts. Quelques observations suffiront.

Aucune disposition nouvelle n'a détruit celles des anciennes ordonnances qui mentionnaient les moyens de pêche employés sur le rivage. Cependant il n'y en a pas qui soient plus tombées en désuétude. Le complet abandon de ces lois provient de deux raisons. D'abord, l'autorité des commandans de navires garde-pêche ne s'exerce à terre que difficilement; on ne l'y reconnaîtrait qu'avec peine ; ces navires sont peu nombreux; les délits se pratiquent en pleine côte, là, par conséquent, où les bâtimens garde-pêche ne peuvent guère aller ; en réalité, la surveillance des officiers de vaisseau, à l'égard des parcs, mouillères et tentes, est, à peu près, comme si elle n'existait pas. Ensuite, il serait très souvent impossible d'appliquer les lois relatives à ces enclos à terre, par la raison qu'elles prononcent des peines que nos codes n'admettent plus.

Cependant, considérées en elles-mêmes, les dispositions que ces actes prescrivent nous paraissent fort sages. L'ancienne législation se montre sur ce point très fixe et très constante : assez bonne preuve que les principes de la matière étaient bien établis et hors de contestation. Pour pouvoir appliquer ces principes, il ne s'agirait que d'y adapter les pénalités et les juridictions de nos jours. Quant aux principes eux-mêmes, le mieux, croyons-nous, serait de les faire revivre tels quels.

Des moyens de pêche dont on se sert sur la côte, nous passons aux rets et filets, c'est à dire aux instrumens qui s'emploient au large.

Ce dernier objet suggère des réflexions tout opposées à celles que nous venons de produire.

Sur ce point des rets et filets, l'ancienne législation dénote beaucoup d'incertitude et varie fort souvent. C'est qu'en effet la matière est, de sa nature, des plus compliquées et des plus sujettes à dispute. Cela se comprend aisément; la cause de cette incertitude est fort simple : c'est qu'on a de la peine à se rendre un compte exact de la manière dont agissent les filets ou engins, dans l'eau, ou au fond de l'eau.

L'incertitude n'a pas lieu pour les parcs à terre, attendu que ceux-ci se vidant avec le reflux, on peut y voir, à l'aise, le résultat produit. Mais, quant à ce qui se passe au fond et au large, il est permis de faire, là dessus, beaucoup d'hypothèses, sans compter que l'effet de l'engin doit réellement varier d'après les courans, l'espèce du fond, la profondeur de l'eau et la disposition du rivage. Il est bien clair, par exemple, qu'une drague ou grand râcloir, traînée et pressée par son poids, sur un fond uni et dur, en arrachera tout ce qui s'y trouve. Il n'en sera pas de même si le fond présente des herbages et des inégalités.

La question des rets et filets était donc autrefois fort controversée. On ne s'entendait pas mieux sur les mœurs du poisson. Par exemple, les pratiques discutaient beaucoup pour savoir à quelle distance des côtes le poisson dépose son frai; les uns affirmant que ce n'est que tout-à-fait sur le bord de la mer, et les autres que c'est quelquefois beaucoup plus loin. Le commentateur de l'ordonnance de 1681, Valin, est de la première opinion ; suivant lui, le poisson ne dépose jamais son frai que tout près de la côte ; mais son dire ne nous a point paru appuyé de preuves très convaincantes.

Le grand point de doute était relatif aux filets traînant sur le fond.

Après bien des varations, voici ce qu'avait établi l'ordonnance du 31 octobre 1744. Les filets traînant sur le fond étaient en général prohibés ; cependant on en permettait d'une certaine espèce ; cette espèce permise s'appelait le chalut ou rets-traversier ; la forme et les dimensions de l'instrument étaient déterminées ; on pouvait s'en servir à trois milles des côtes et au delà, mais seulement pendant l'automne ou l'hiver ; durant le reste de l'année, durant la saison des chaleurs, il était tout-à-fait interdit ; ce n'était que pendant la saison des froids que l'amirauté le permettait, pourvu encore que le bateau-pêcheur qui en faisait usage fût éloigné de la côte au moins à la distance d'une lieue. Tel était, à l'égard du rets-traversier, le dernier mot de l'ancienne loi.

Cette détermination n'avait pas été prise tout d'un coup ; on avait, au contraire, avant de s'y résoudre, changé fort souvent ; mais enfin c'était là qu'on était arrivé, et cet état de choses subsista jusqu'à la fin de l'ancien régime. La mesure avait été adoptée le 31 octobre 1744. Nous croyons que ce dernier mot de l'ancienne législation à l'égard du chalut, nous croyons que ce dernier mot était mauvais.

Dans notre opinion, c'était un tort de permettre le chalut si près de la côte, même pendant l'automne ou l'hiver ; suivant nous, il aurait fallu ou l'interdire tout-à-fait, en toute saison, ou, tout au moins, ne jamais le permettre qu'à une distance plus considérable que trois milles. Mon jugement n'est pas complètement fixé sur le point de savoir ce qui vaudrait mieux, ou de la suppression entière, ou de l'augmentation de la distance ; ce que je maintiens, c'est que la distance de trois milles était trop petite.

La mesure du 31 octobre 1744 me paraît préjudiciable, et j'en acquiers la preuve en examinant les circonstances qui l'amenèrent, ainsi que les phases successivement traversées par la question.

Voici comment les choses s'étaient passées.

L'ordonnance d'août 1681 interdisait, d'une manière générale, tout filet tiré sur le fond (livre 5, titre II, art. 16). Il y avait bien des filets traînans appelés dreiges; mais ces dreiges n'étaient pas maintenues sur le fond par des poids.

Ce ne fut, paraîtrait-il, qu'au commencement du XVIIIe siècle que s'introduisit la coutume d'ajouter à la dreige des poids considérables, et par là de la faire traîner au fond de l'eau.

Il semble avoir été alors généralement reconnu que de fâcheux effets résultaient de cet usage; une grande diminution fut remarquée dans l'empoissonnement de nos côtes, et des réclamations, exactement semblables à celles qui partent aujourd'hui de nos ports de la Manche, s'élevèrent dans tout le Ponant. L'usage des filets traînant sur le fond fut, par le plus grand nombre, qualifié d'abus, de braconnage et de fraude. Le sentiment de la population du littoral et des personnes qui prenaient intérêt à l'industrie de la pêche, leur sentiment fut, à cet égard, si vif, qu'une réaction se manifesta.

Un abus s'étant introduit dans la pêche, il semble que la seule mesure à prendre eût été de réprimer l'abus. Des braconniers faisaient traîner les filets sur le fond, contrairement à la loi; il s'agissait d'empêcher qu'on ne les y traînât à l'avenir. Cela ne contenta point, on fit autre chose. Il fut prohibé de traîner les filets en aucune manière, pas plus à la surface, ou entre deux eaux, que sur le fond; toute dreige fut interdite; c'était aller trop loin; le but se trouva ainsi dépassé. C'était en 1726 qu'on adoptait cette disposition; elle ne resta pas long-temps en vigueur.

Dès l'année suivante, en 1727, des pêcheurs du pays d'Aunis réclamèrent avec force; ils disaient qu'ils seraient ruinés, si l'ordonnance était suivie, et qu'ils ne pouvaient aller sans la dreige. On accueillit leurs plaintes, et un inspecteur des pêches, le sieur Duparc, fut envoyé à La Rochelle.

Le sieur Duparc examina l'affaire et fit son rapport; il opinait dans le sens des réclamans. « Les côtes du pays d'Aunis, disait-il, offrent une disposition spéciale, par suite de laquelle il est fort difficile de se servir de filets sédentaires ; il convient d'y permettre, non pas la dreige, mais une autre sorte de filet mobile appelé chalut ou rets-traversier. Ce filet ne produit pas le mal de la dreige : celle-ci traîne sur le fond, tandis que le chalut ne fait qu'y rouler; je ne crois pas que cet instrument cause de dégât parmi les poissons du premier âge, ni que la reproduction du poisson ait à en souffrir. » Tel était le sens des paroles du sieur Duparc.

Ses conclusions furent adoptées. La partie de son rapport, qui est donnée par Valin, ne semble cependant pas bien convaincante : sa distinction de rouler et de traîner sur le fond nous paraît assez futile. Quoi qu'il en soit, on fit ce qu'il conseillait, le rets-traversier fut autorisé sur les côtes du pays d'Aunis. Le fait se passait en 1727.

Deux ans s'écoulèrent. En 1729, on crut avoir observé que, suivant les prévisions du sieur Duparc, aucun dommage n'était résulté, sur les côtes du pays d'Aunis, de l'emploi du rets-traversier ou chalut. De là, il fut inféré que ce filet ne pouvait non plus nuire autre part. La déduction manquait d'exactitude ; car si les dispositions des côtes du pays d'Aunis rendaient particulièrement difficile et inefficace l'usage du filet sédentaire, ne pouvait-il pas se trouver que ce fussent précisément ces mêmes dispositions qui y rendissent particulièrement innocent l'usage du rets-traversier ou filet mobile ? La question était à poser ; elle ne le fut point ; et, en 1729, intervint une ordonnance par laquelle le chalut était autorisé sur toutes nos côtes. L'ordonnance se basait sur la raison que je viens de dire, sur ce fait, qu'à La Rochelle on n'avait éprouvé, de la coutume du rets-traversier, aucun préjudice.

Alors, nouveau dépérissement de la pêche côtière, nouvelle diminution du poisson, nouvelles doléances dans le Ponant.

Nos anciens législateurs maritimes sont beaucoup vantés pour leur sagesse ; toutefois, en y regardant de près, on trouve qu'ils ne méritent pas constamment de si grands éloges; au moins les voit-on, dans le sujet qui nous occupe, singulièrement versatiles : ce qui se passa en 1744 en offre une bonne preuve.

Le 16 avril 1744, le roi rend une ordonnance qui révoque celle de 1729; celle-ci permettait en tous lieux le rets-traversier, maintenant le rets-traversier sera prohibé partout.

L'ordonnance du 16 avril 1744 entre dans des détails très précis sur les dégâts que le chalut produisait : les pêcheurs rapportaient avec le chalut du frai en grande quantité, et, de plus, des menus poissons, presque tous tués par la pesanteur des barres et chandeliers du chalut, en si grand nombre, qu'il fallait employer des pelles pour les jeter hors du bateau. Voilà ce que disait l'ordonnance du 17 avril 1744, et, en conséquence, elle prohibait complètement le chalut.

Cependant, au bout de six mois, qu'arrive-t-il? Au bout de six mois, le 31 octobre 1744, une nouvelle ordonnance détruit celle du 16 avril de la même année et autorise en tous lieux le chalut : sur quel motif? Sur le motif qu'il avait été fait, à cet égard, des représentations au roi : quelles représentations? C'est sur quoi le silence le plus complet est gardé par le sieur Phélipeaux, auteur de l'ordonnance.

Le législateur avait donc, depuis l'année 1726 jusqu'au 31 octobre 1744, changé d'avis quatre fois sur le chalut. Mais, au milieu de tant de changemens, on peut fort bien se demander sur quoi ces variations se basent et apprécier quand le législateur raisonne bien et quand il raisonne mal. Et de l'ensemble des actes dont nous avons parlé, il est permis de conclure que le chalut était en général une chose nuisible, par la raison que ceux de ces actes qui proscrivent l'instrument, s'appuient sur des faits bien évidens et bien établis, tandis que ceux qui le permettent ne reposent que sur des argumens vicieux, ou ne se basent sur aucune sorte d'argumens.

Résumons tout ce que nous venons de dire sur les anciennes règles des moyens de pêche employés sur le bord de la mer.

Considérons à part : d'un côté, les instrumens fixes, tant filets sédentaires qu'enclos sur le rivage; de l'autre, les instrumens mobiles.

A l'égard des instrumens fixes, l'ancienne législation nous présente des principes constans et bien arrêtés; la matière avait été examinée avec soin, et, de cette étude, il était résulté des règles qu'on ne contestait point : on doit présumer que ces règles sont bonnes.

Sur ce sujet, il convient de suivre l'ancienne législation.

A l'égard des filets traînans, l'ancien régime maritime nous offre deux législations : deux législations contradictoires ; celle de 1681 et celle de 1744. La législation de 1681, par les motifs exposés, me paraît la bonne. Elle prohibe les filets traînant sur le fond. (Livre v, titre III, art. 16 de l'ordonnance d'août 1681.) Je crois que c'est à son esprit qu'il conviendrait de se conformer.

Nous disons son esprit et nous ne disons pas son texte. Il faut en effet remarquer que, sur cet objet, l'ordonnance de 1681 ne s'explique pas d'une manière précise. Elle ne prévoyait pas les usages qui se sont introduits depuis ; elle ne prévoyait point le chalut ; cet instrument n'existait pas en 1681 : rétablir l'ordonnance de 1681 ne serait pas le prohiber. Si on voulait défendre le rets-traversier, il faudrait dire plus que ne dit cette ordonnance ; elle est trop vague. On va s'en convaincre.

Voici l'article que nous venons de citer, le seul qui traite de la matière :

« Faisons défenses à toutes personnes de se servir de bouteux, etc., etc., etc.; et de pêcher en aucune saison de l'année avec colerets, seynes, ou autres semblables filets qui se traînent sur les grèves de la mer, à peine, etc., etc., etc. »

Cette disposition, comme on voit, ne porte pas bien directement sur le rets-traversier. Si on voulait l'y appliquer, le jurisconsulte aurait à se poser deux questions : 1° Le chalut est-il semblable aux collerets et seynes ? 2° Jusqu'où s'étendent les grèves de la mer ? Voilà les deux questions que le juge aurait à se faire. Aucune des deux ne comporte de réponse précise. Ce serait là, par conséquent, une loi très incertaine, autrement dit, une loi très mauvaise, car la clarté est la première condition d'une bonne loi.

Si donc on voulait interdire le chalut, il serait indispensable de faire une autre loi que celle de 1681.

D'autre part, n'est-il pas nécessaire de tenir compte de ce qui s'est fait depuis cent ans, des habitudes contractées depuis si long-temps par les pêcheurs ? Serait-il possible de retourner complètement à l'esprit de l'ordonnance de 1681 ? Et, dans le cas contraire, à quel degré faut-il se tenir entre le bien absolu, mais irréalisable, et une coutume fâcheuse, mais existante et ayant peut-être créé des intérêts acquis qu'on doit respecter.

A ces trois questions voici nos trois réponses. D'abord quant à la première : Oui, il faut tenir compte de ce qui se pratique depuis un siècle, en dehors du bien absolu.

Quant à la seconde nous disons : On ne peut retourner de suite à l'esprit de l'ordonnance de 1681, il faut des mesures intermédiaires.

Quant à la troisième, je reconnais que mon opinion n'est pas assez bien formée pour la résoudre d'une manière formelle. Seulement, je dis que, provisoirement, le mieux serait d'exécuter la loi du 13 mai 1818, laquelle ne permet de se servir du chalut qu'à deux lieues des côtes en hiver, et à trois lieues en été. Ce principe est intermédiaire entre celui de 1681 qui excluait tout-à-fait les filets traînans, et la coutume d'aujourd'hui qui les permet trop près du rivage.

Cette loi de 1818 n'est pas abrogée, mais on ne la suit point ; elle est tombée en désuétude. Nous croyons cependant que la prudence serait ici d'accord avec la légalité ; tandis que la tolérance actuelle est illégale, en même temps qu'elle nous semble par elle-même nuisible et dangereuse.

Un mot encore sur les anciennes règles de la pêche côtière. On ne pourrait s'en servir qu'à l'aide d'un remaniement complet des peines qui y sont prononcées ; ces dernières sont souvent mal graduées et quelquefois tout-à-fait inapplicables ; ce sont, dans certains cas, des peines corporelles. Pour que l'infraction pût être réprimée, la pénalité devrait être mise en harmonie avec l'esprit général de nos codes modernes.

Nous passons à considérer par quels agens et de quelle manière se pratiquait, dans l'ancien temps, l'instruction criminelle des délits de pêche.

La police judiciaire et la justice des délits de pêche appartenaient autrefois à l'amirauté.

Indiquons les caractères généraux de cette juridiction. Voyons: 1° de quelle origine elle émanait; 2° quels objets composaient sa compétence; 3° quelles étaient les formes de son organisation.

Nous traitons d'abord le premier point. De quelle source venait la justice d'amirauté? Quelle idée-mère lui avait donné naissance? Quel principe fondamental avait présidé à son établissement?

A ces questions, voici ce que nous répondons.

L'amirauté était une juridiction exceptionnelle relative à certaines affaires maritimes. Telle est la définition la plus générale et la plus sommaire qu'on puisse en donner.

Sa base se fondait sur les idées générales qui suivent.

La loi commençait par regarder, dans leur ensemble, tous les intérêts dans lesquels la marine occupe la plus grande place; tous les différends, toutes les fonctions, tous les droits, tous les actes qui découlent particulièrement du fait de la mer. Le fait de la mer était un principe dont nos anciens législateurs tenaient le plus grand compte. Le fait de la mer constituait une des bases fondamentales de l'ancienne loi française.

La juridiction de l'amirauté ne se composait pas de la totalité, mais d'un grand nombre de ces intérêts maritimes; et je vais dire quelle distinction séparait les intérêts maritimes qui appartenaient à l'amirauté d'avec les intérêts maritimes dont l'amirauté n'était point appelée à connaître.

La marine donne naissance à des intérêts et à des actes de toute nature. Il y a là des litiges commerciaux à résoudre, des infractions criminelles à réprimer, des besoins administratifs à satisfaire, des charges militaires à remplir.

De toute cette matière civile, administrative, pénale, la loi faisait deux lots: l'un qui se rapportait surtout à la partie des armes, l'autre qui concernait davantage la partie du négoce.

Tout ce qui avait trait, spécialement, à l'honneur et à la sécurité du royaume, était réservé pour le commandement immédiat du souverain. C'est ainsi que le roi tenait sous son autorité directe les flottes, les arsenaux, les corps armés et le matériel destinés à la défense des côtes. C'était là le lot militaire maritime et le lot maritime de la puissance royale.

Mais lorsqu'on venait à envisager le fait de la mer comme un élément de la fortune du pays, comme une source de la richessse publique, comme une des grandes branches et un des plus puissans moyens de l'industrie et de la prospérité de la nation ; alors la marine, avant d'être au roi, appartenait à monsieur l'amiral. C'est ainsi qu'on appelait le chef de l'amirauté. Ce n'est pas que l'amirauté fût indépendante du roi : non ; seulement l'amiral était, entre les justiciables et le roi, un intermédiaire d'une nature tout-à-fait à part, qui ne se retrouvait pas ailleurs, ni dans des parties étrangères à la marine, ni dans les services militaires de la marine. L'amirauté formait, en quelque sorte, un état dans l'état, tant ses fonctions étaient jugées spéciales et importantes.

A l'amiral revenait le soin de la partie principalement civile des intérêts maritimes ; ce terme civil étant pris dans un sens extrêmement étendu : il suffisait qu'un intérêt de cet ordre résidât au fond d'une affaire maritime pour qu'elle échût à la compétence de l'amirauté. Au moins nous semble-t-il que ce soit là l'idée-mère qui ait présidé à la formation de ses attributions.

Du reste, l'on peut juger du plus ou moins de justesse de cette notion si l'on regarde, dans le détail, en quoi les attributions de l'amirauté consistaient. L'ordonnance d'août 1681 les partageait entre onze articles. Voici ces onze articles présentés en résultats sommaires :

1° L'amirauté statuait sur tous litiges concernant les vaisseaux marchands, leur avitaillement et leurs agrès.

2° Elle jugeait les différends relatifs au commerce maritime.

3° Les officiers de l'amiral connaissaient des prises, bris et naufrages.

4° Ils prélevaient des droits de navigation.

5° La pêche côtière était de leur ressort.

6° Ils réglaient aussi les pêcheries à terre.

7° Ils prenaient soin de la sûreté et de l'entretien des ports, havres et rades, et connaissaient des délits contraires à cette sûreté.

8° C'était à eux qu'il appartenait de verbaliser au sujet de la mort des personnes qui avaient péri sur la côte par suite de naufrages.

9° L'amiral inspectait le guet de la mer, c'est à dire la population du littoral, en tant que destinée à repousser une première descente de l'ennemi.

10° La justice de l'amiral s'étendait à tous les crimes et délits commis sur la mer, sur ses ports, havres et rivages.

11° Les lieutenans d'amirauté délivraient des brevets de maîtrise pour les arts relatifs à la marine marchande, et connaissaient des malversations commises dans l'exercice de ce genre d'industries.

Telle était l'étendue de cette compétence.

Nous pensons qu'en examinant avec attention les différentes classes d'objets ici dénommés, on reconnaîtra aux attributions de l'amiral le caractère à la fois civil et maritime que nous leur avons assigné. Dès que des intérêts civils se compliquaient du fait de la mer, dès lors c'était à l'amirauté qu'appartenait le soin de leur protection.

Si l'on compare cette justice aux juridictions de notre temps, on trouvera que l'amirauté formait : 1° une juridiction exceptionnelle et civile analogue à nos tribunaux de commerce ; 2° une juridiction exceptionnelle et pénale semblable à nos conseils de guerre et à nos tribunaux maritimes ; 3° une juridiction exceptionnelle et administrative comme nous n'en avons point d'exemple.

Tous ces débats, toutes ces infractions, tous ces intérêts reconnaissaient l'amiral comme administrateur suprême et comme grand justicier.

A l'égard des affaires maritimes, ces deux choses, l'administration et la justice, étaient fort souvent réglées par les mêmes prescriptions et toujours dispensées par les mêmes hommes.

Ajoutons quelques mots sur le caractère exceptionnel de la juridiction d'amirauté.

L'amiral était un ministre du roi, mais la délégation de l'autorité royale était pour lui beaucoup plus complète que pour les secrétaires d'Etat.

Les officiers d'amirauté recevaient, il est vrai, des provisions du roi. Pourtant c'était l'amiral qui les nommait, qui les instituait. Ils étaient en même temps les officiers du roi et les officiers de l'amiral, plus particulièrement toutefois ceux de l'amiral que ceux du roi.

Le pouvoir qui résidait dans l'amiral affectait un caractère plus personnel, plus indépendant que celui dont sont pourvus de nos jours les ministres de la couronne. Aujourd'hui, la nomination à toute charge appartient directement au souverain, sauf seulement le contre-seing d'un de ses secrétaires, pour en répondre, au cas que la nomination soit, par le peuple, trouvée mauvaise. Autrefois, en ce qui concernait les charges d'amirauté, l'office émanait immédiatement du chef de cette juridiction.

Le roi ne conférait point l'emploi d'amirauté; l'emploi était conféré par l'amiral. Le roi donnait seulement la capacité pour remplir la charge, non point la charge elle-même. Dans les cours d'amirauté, la justice se rendait au nom de l'amiral, non pas au nom du roi.

Tout ceci montre : que non seulement l'amirauté était une juridiction exceptionnelle, mais encore qu'elle possédait, en tant qu'exceptionnelle, un degré particulier de force et d'indépendance.

Parlons maintenant de sa puissance morale et de ses moyens d'action.

Pour ce qui était du rang et des préséances, l'ancienne loi distinguait en France trois sortes de justices : la justice du roi ; la justice de l'amiral ; et les justices de localité, municipales ou seigneuriales.

Le rang de chacune de ces trois juridictions se mesurait par son étendue.

Les justices de localité, ne s'adressant qu'à des circonscriptions restreintes, ne venaient naturellement qu'en dernier. La justice du roi, s'exerçant dans toute la France, marchait, comme de raison, avant toutes les autres. La justice de l'amiral, dont l'action comprenait toute la frontière maritime et les vaisseaux marchands, se rangeait entre deux.

Par là, on voit que la juridiction d'amirauté occupait une place assez haute pour qu'il n'advînt à personne la tentation, ni que personne possédât le pouvoir de porter atteinte à ses priviléges.

Les officiers d'amirauté étaient officiers militaires et de gendarmerie. Cette qualité était propre à communiquer à leurs actes le caractère de décision et de vigueur ordinairement inhérent à la profession des armes. La juridiction n'était point militaire dans son objet; il ne s'agissait point là de discipline ni de combat; il s'agissait de donner prompte satisfaction aux intérêts de tout genre dont la marine est la cause première; l'objet de l'institution était un objet de judicature et d'administration. L'amirauté ne se proposait pas un but militaire; mais elle entretenait des agens de cet ordre afin que son but, qui était principalement le développement et la protection d'une partie importante de la fortune nationale, afin que ce but de richesse publique fût plus activement et plus sûrement rempli.

Les détails qui suivent se rapportent aux formes de juridiction.

La France se partageait en cinq cours supérieures d'amirauté: celles de Paris, de Rouen, de la Bretagne, de Bordeaux et de Marseille. Les deux premières s'appelaient Tables de marbre et possédaient plus de pouvoir que les trois autres; celles-ci comme celles-là se divisaient en siéges d'amirauté.

Chaque cour et chaque siége avaient leur magistrature assise et leur parquet. La cour était présidée par un lieutenant-général, le siége par un lieutenant d'amirauté. Le ministère public était représenté auprès de chaque siége par un procureur du roi; auprès de chaque cour, par un procureur général.

La justice, proprement dite, émanait de l'amiral; mais c'était du roi que le parquet tenait ses pouvoirs; les officiers du parquet étaient uniquement officiers royaux, tandis que les juges étaient à la fois officiers du roi et de M. l'amiral.

La recherche et la poursuite des infractions s'exerçaient principalement par les procureurs du roi, sous l'autorité des procureurs généraux, et avec l'assistance des huissiers, des audienciers, des visiteurs, et généralement de ce qu'on nommait les sergens d'amirauté.

Juges, procureurs du roi et agens subalternes, tous devaient posséder, à la fois, chacun suivant son rang, des connaissances de légiste et du savoir maritime.

Les siéges d'amirauté jugeaient presque toutes causes, tant civiles que criminelles, en première instance. Les cours faisaient principalement l'office de tribunaux d'appel.

Dans l'ordre naturel, les siéges connaissaient, au premier degré, de toutes affaires, si graves qu'elles fussent, soit en matière civile, soit en matière criminelle, et rendaient leur sentence. Cependant, au civil, sur la demande d'une des parties, la cour devait évoquer des juges inférieurs et juger elle-même, en première instance, les débats dont la matière excédait trois mille livres.

A l'appel, la cour connaissait de toute matière civile ; mais non point de tout jugement criminel. Si le jugement criminel, prononcé par le lieutenant au siége d'amirauté, n'emportait point peine afflictive, l'appel appartenait à la cour. Mais si le jugement criminel emportait peine afflictive, l'appel appartenait au parlement.

De ce côté, la justice de l'amiral se rattachait à la justice ordinaire du roi.

La justice d'amirauté restait donc indépendante de la justice ordinaire du royaume pour toute action civile et pour les causes criminelles de petite ou médiocre importance. S'agissait-il, au contraire, d'un procès criminel d'une grande gravité, la justice ordinaire intervenait pour s'en saisir, et devenait supérieure à la justice d'amirauté.

Tels étaient, croyons-nous, les traits principaux de cette juridiction. L'intelligence de notre sujet demandait que ces caractères principaux fussent exposés ; car si la qualité des institutions judiciaires importe toujours beaucoup pour la répression plus ou moins efficace de toutes sortes d'infractions, cette importance devient particulièrement grande lorsqu'il s'agit de délits maritimes, vu que, par leur nature, les délits maritimes se soustraient plus facilement que d'autres à l'action de la justice.

Ajoutons donc encore quelques remarques à cet égard.

L'ancienne loi se montrait sévère quant à la recherche des infractions aux lois maritimes, et vis-à-vis des agens qui en étaient chargés. Ce soin était surtout celui du procureur du roi au siége d'amirauté. Seul, ce magistrat répondait, envers le procureur général près la cour, de la découverte des délits. Si le procureur général était informé d'un délit qui n'eût pas été découvert et signalé par le procureur du roi, celui-ci devenait passible : pour la première fois, de la suspension ; en récidive, de la privation définitive de son emploi.

Le législateur avait raison de chercher ainsi à exciter autant que possible, en cette matière, le zèle du ministère public. Le besoin de stimulant s'y fait certainement sentir. Les lieux où se commettent les délits maritimes en rendent la découverte très malaisée ; et, à cause de leur caractère qui est quelquefois exclusivement public, comme c'est le cas pour l'objet spécial qui nous occupe, pour les délits de pêche, on peut craindre qu'ils ne soient trop souvent un sujet d'indifférence et d'incurie. Il était donc bien d'imposer des devoirs rigoureux aux officiers du ministère public employés près des tribunaux d'amirauté. L'idée était prudente ; mais l'exécution y répondait-elle ? Ces agens possédaient-ils les moyens d'accomplir scrupuleusement leurs obligations ? Le point me paraît douteux.

Prenant les procureurs du roi comme les agens intermédiaires, et, en fait, comme les agens principaux de la police judiciaire d'amirauté, il me semble que, d'une part, les procureurs généraux ne devaient exercer sur eux qu'un contrôle inefficace, et que, de l'autre, les sergens d'amirauté ne devaient leur prêter qu'une assistance insuffisante et imparfaite.

Quant à la surveillance des procureurs généraux, je regarde les circonscriptions, et je trouve les grands ressorts d'amirauté fort peu nombreux. Ce n'était pas assez, à mon sens, que cinq juridictions supérieures dans toute l'étendue de nos côtes, surtout dans un temps où les voies de communication étaient encore si loin de ce qu'elles sont à notre époque. La circonscription présentait un rayon trop grand. Tel procureur du roi devait être éloigné de cent lieues de son procureur général. Comment l'action de ce dernier pouvait-elle agir si loin ?

Au point de vue de la police, les anciennes circonscriptions d'amirauté me paraissent donc défectueuses, et la même observation se présente, si on envisage les cours et tables de marbre sous le rapport des appels.

Valin rapporte que les appels aux tables de marbre ou autres cours supérieures d'amirauté étaient fort rares ; et pour expliquer cette rareté, il déclare que les justiciables se tenaient généralement pour satisfaits de la sentence des premiers juges, et que l'on considérait généralement ceux-ci comme plus versés dans la matière que les juges d'appel. Si cette ignorance des juges d'appel existait en effet, cela indiquait, ou un vice dans l'institution, ou le plus fâcheux favoritisme. Quant à la satisfaction des justiciables, l'assertion du jurisconsulte ne peut être que très hasardée. Il y a tout lieu de croire que si on n'appelait pas plus souvent, c'était moins la volonté que le moyen qui faisait défaut pour cela.

Le pourvoi, à cause de la trop grande distance de la cour, entraînait beaucoup de lenteurs et de dépenses. Les frais eussent souvent emporté le fond de l'affaire, et, même à part cette circonstance, on aimait mieux n'en pas courir les risques. De ce que les parties s'abstenaient la plupart du temps d'aller devant la cour, nous pensons qu'il est inexact de conclure que les décisions des premiers juges fussent, aussi souvent, fondées et équitables.

Les considérations que nous venons de déduire s'appliquent en général à l'amirauté et aux objets de sa compétence. La pêche côtière comptait parmi ces objets. Nos considérations indiquent donc une partie des moyens à l'aide desquels l'ancienne loi recherchait et punissait les délits de pêche. Mais les choses que nous avons exposées jusqu'ici, touchant les anciennes institutions judiciaires de la marine, ne se rapportent pas plus aux infractions et à l'industrie des pêcheurs, qu'elles ne pourraient se rapporter à d'autres infractions et à d'autres industries maritimes. Nous allons maintenant entrer dans quelques détails spécialement relatifs à ce sujet de la pêche côtière.

Les sergens d'amirauté n'étaient pas les seules personnes dont les procureurs du roi pussent tirer des renseignemens sur les contraventions aux règles de la pêche maritime. Les officiers des classes comptaient aussi parmi leurs devoirs le soin de signaler à la justice d'amirauté les infractions commises, sur ce sujet, à leur connaissance. Les officiers des classes ne dépendaient point de l'amirauté. Les classes, dans l'ancienne marine, formaient une administration tout-à-fait à part. Cependant, vivant près des pêcheurs et entretenant constamment des rapports avec eux pour les levées, les agens de cette administration se trouvaient fort à même de savoir leurs habitudes, les faits et gestes de chacun, et la loi avait raison de les obliger à communiquer à la justice tout ce que, dans l'exercice de leurs fonctions, ils pouvaient apprendre sur les délits de pêche.

Toutefois, il semble que dans cette police l'ancienne loi présentât une lacune importante. On ne voit pas que, durant le dernier siècle, il existât aucun service de bâtimens garde-pêche. Et, malgré que les délits de pêche puissent être, en grande partie, recherchés et constatés dans le port, encore paraît-il que des agens embarqués soient seuls propres à bien s'acquitter de ce soin.

Telle est la différence, la distance, et tel est même quelquefois le désaccord des choses de terre et des choses maritimes, qu'il suffit d'être très occupé de celles-là pour se trouver d'autant plus ignorant de celle-ci. On ne sait exactement ce qui se passe dans un port ou sur une rade que lorsqu'on y est soi-même. C'est une remarque que beaucoup de marins auront pu faire. Lorsqu'on monte un navire, on est en quelque sorte en communication avec tout ce qui concerne la marine. Remplissez-vous, au contraire, des fonctions à terre, la marine tend à vous devenir comparativement étrangère et indifférente, lors même que la marine forme l'objet même de vos fonctions.

J'ai donc peine à croire que les officiers d'amirauté, même aidés des officiers des classes, pussent suffire à la police de la pêche et que ce service ne souffrît pas du défaut de navires armés. Sous Louis XIV, il y avait eu des bâtimens semblables; on les supprima du temps de Louis XV; ces petits armemens étaient à la charge de l'amiral, et l'amiral trouva bon d'en faire l'économie. Le résultat montre que cette réforme fut un tort.

Ce qu'il faut noter pourtant, c'est qu'encore bien que la police de la pêche dût être imparfaite par l'absence de navires qui y fussent spécialement préposés, elle s'exerçait cependant, et mieux suivant toute apparence que de nos jours, où nous avons, pour cet objet, des bâtimens armés.

Cela prouve qu'une bonne partie de la police de la pêche d ot se faire à terre; qu'une autre doit se faire au large; et que le meilleur moyen consiste probablement à réunir dans les mêmes mains la police du rivage et la police de mer.

C'était une disposition importante de l'ancienne législation que celle qui interdisait à tous officiers d'amirauté de recevoir, des pêcheurs et mariniers, aucun présent, et particulièrement aucun cadeau de poisson, à peine d'interdiction et de cinq cents livres d'amende. La défense se lisait dans l'article 9, titre 3, du livre 1er de l'ordonnance d'août 1681.

Nous ne pouvons mieux faire que de rapporter les réflexions dont l'énoncé de cet article est accompagné par Valin. « Tous les officiers d'amirauté, dit ce jurisconsulte, se défendent-ils de la tentation de recevoir, ou, si l'on veut, de ne pas refuser quelques petits présens, surtout le poisson qui leur est offert par les pêcheurs? C'est contre ceux-là que les défenses sont faites pour les affermir dans leur devoir, et les mettre par là dans une pleine liberté de punir les prévarications journalières des pêcheurs, sur lesquelles ils seraient obligés de fermer les yeux, s'ils recevaient d'eux des présens. Sans cela, en effet, ils s'exposeraient à des reproches d'autant plus humilians qu'ils seraient plus mérités; car enfin ces gens ne peuvent faire que des présens intéressés.

» Est-il même quelqu'un, à bien dire, qui donne gratuitement? Et, s'il s'en trouvait, la reconnaissance n'engagerait-elle point l'obligé à des complaisances incompatibles avec l'austérité des règles de la justice? Et voilà pourquoi les ordonnances ont défendu si rigoureusement à tous juges d'accepter aucuns présens de ceux qui ont affaire à eux. »

Tel était le langage du commentateur de l'ordonnance de 1681.

Le législateur avait mis ici le doigt sur un sujet délicat, et sur le vif du sujet : en général, pas de cadeau ; surtout pas de cadeau de poisson.

En tout, l'ancienne loi comprenait clairement que, dans les délits de pêche, le grand point et la grande difficulté, c'est de les découvrir et d'informer à leur égard. Cela est plus difficile que pour tous autres délits, par la raison que le délinquant et l'informant sont, l'un et l'autre, à l'extrémité de la sphère d'action du pouvoir social et hors de la surveillance du public. Que l'on remarque, en outre, qu'il n'y a pas, le plus souvent, d'intérêts particuliers engagés dans la question, lésés par le délit, et l'on reconnaîtra que cette situation offre à l'officier de police un embarras continuel pour connaître, aussi bien qu'une tentation continuelle de fermer les yeux et de s'abstenir. C'est ce que sentait fort bien l'ancienne loi.

Appliquait-elle le principe aussi bien qu'elle le posait? Nous en doutons, soit que nous considérions l'analyse des dispositions de détail de l'ancienne loi, soit que nous fassions attention à l'expérience, qui nous montre la pêche ayant déjà fort dépéri durant le temps de Louis XV.

Mais c'est quelque chose que d'avoir établi une vérité. Soyons convaincus que toute loi qu'on pourra porter sur cette matière restera d'une exécution fort problématique si l'on ne met à cette exécution un soin tout particulier, si on n'y emploie une grande énergie et des moyens tout spéciaux. Si vous remettez votre loi aux institutions judiciaires ordinaires, tenez pour certain qu'elle restera une lettre morte.

Remarquons, dans les anciennes ordonnances, deux mesures fort sages relatives aux greffes des siéges d'amirauté.

Le greffier devait avoir un registre, contenant le nom des pêcheurs, et qui mentionnait aussi le port et la fabrique des bateaux, ainsi que le nom des bourgeois auxquels ils appartenaient. On ne peut que louer cette disposition. Par là, en effet, le juge aussi bien que l'officier du ministère public étaient mis à même de connaître facilement, et avec exactitude, la position, les relations et les actes antérieurs des délinquans.

La seconde mesure était celle-ci.

Les greffes devaient contenir des modèles de tous les filets et instrumens permis. De cette manière, pour s'assurer si le filet saisi était bien réellement contraire au règlement, il ne s'agissait que de le comparer avec le modèle.

Observons encore qu'il y avait autrefois des inspecteurs des pêches. J'ignore si c'était un service régulier d'inspection, ou bien si, de temps à autre, on envoyait des inspecteurs là où le besoin s'en faisait sentir. Toujours est-il que, au moins pour certains faits et dans de certaines circonstances, on ne se tenait pas pour content des lumières de la juridiction et de l'administration courante des officiers d'amirauté. Lorsque les pêcheurs du pays d'Aunis adressèrent des réclamations à M. l'amiral au sujet de la dreige, il leur fut envoyé, à La Rochelle, le sieur Duparc, inspecteur des pêches.

Maintenant, en fin de compte, considérons, à la fois, toutes ces prescriptions de l'ancienne loi, relatives à la pêche, et faisons-nous une question. L'ensemble de ces dispositions produisait-il, dans le dernier siècle, des résultats satisfaisans ?

Je réponds, sans hésiter, par la négative.

Nul doute que le dépérissement dont on se plaint aujourd'hui n'eût commencé bien avant la révolution. Les ordonnances de 1744 en font foi. Les plaintes qui s'entendaient alors dans le Ponant, ressemblent exactement à celles qu'émettent aujourd'hui les chambres de commerce de Dieppe, de Boulogne, de Calais.

Cependant il y avait, dans l'ancien temps, des amirautés. Ces juridictions ont duré jusqu'à la chute de l'ancien régime. Pourquoi donc cette décadence de la pêche ? A cette décadence, j'assigne cinq causes. J'en ai déjà signalé trois : 1° l'usage du rets-traversier, définitivement établi par l'ordonnance du 31 octobre 1744 ; 2° la trop grande étendue des juridictions supérieures ; 3° l'absence de bâtimens garde-pêche. Disons les deux autres.

4° D'abord, nous en voyons une fort active dans le relâchement général des mœurs du temps. Le sentiment du devoir, partout affaibli, devait avoir baissé dans l'esprit des magistrats aussi bien qu'ailleurs ; et il y a lieu de croire que les officiers d'amirauté, au lieu de se rendre fréquemment à bord des bateaux pêcheurs, pour veiller à ce que tout s'y passât dans l'ordre, restaient chez eux, pour y recevoir ces présens que le législateur leur interdisait pourtant d'une manière si formelle. La justice, en général, se montrait trop souvent, à cette époque, de composition facile. Le moyen de croire qu'une justice dont l'administration exige un caractère particulièrement droit et intègre, une conscience particulièrement scrupuleuse, un degré particulier d'attachement au bien public, que cette justice fût seule à rester impartiale et sévère !

5° Il nous semble encore découvrir un motif d'infractions aux lois de la pêche maritime dans certaines dispositions relatives à ce qui s'appelait, dans l'ancien temps, la bouche du roi.

On remarque que, dans la plupart des ordonnances rendues par Louis XV, sur cette matière, les bouche et maison du roi étaient toujours exceptées des interdictions portées contre les filets et instrumens nuisibles. L'exception avait pour objet d'empêcher que, dans aucun cas, la marée ne vînt à manquer à la table royale.

Il est bien vrai qu'en même temps des précautions étaient prises à cette fin que l'exception n'eût lieu que pour les pêcheurs employés par les maîtres-d'hôtel de la couronne ; mais il est difficile de croire qu'elle ne s'étendît pas à d'autres, et que ces officiers de bouche s'abstinssent d'en faire profiter quelque peu leurs parens et amis : sans compter, qu'à lui tout seul, le service de la marée pour les tables royales devait être de grande importance, témoins le désespoir et le trépas fameux de Vatel.

On comprend qu'il y avait là une porte ouverte aux abus, et

on peut dire, sans crainte de se tromper, que nombre de gens en profitaient.

Telle est la dernière des cinq causes qui nous semblent avoir contribué, durant le dernier siècle, au dépérissement de la petite pêche.

Au fur et à mesure de cet examen de l'ancienne législation, nous avons noté ce que nous avons rencontré de bon et ce qui nous a frappé comme mauvais. Maintenant, revenant à notre époque, nous allons tâcher de profiter de cette expérience, et de voir quels changemens il conviendrait d'introduire dans l'état actuel des règles de la pêche côtière.

CHANGEMENS PROPOSÉS.

En ce qui touche la définition des délits, je commencerai par déclarer que je ne possède point, par ma connaissance directe, les élémens qui seraient nécessaires pour réunir, dans un même corps de loi, les règles et les infractions relatives à la pêche côtière.

J'ignore si l'ensemble de ces notions est possédé par personne. Je me suis adressé aux hommes à qui le sujet me paraissait devoir être le plus familier, et j'ai vu que, la plupart du temps, on n'en connaissait qu'une partie. C'est que c'est une matière des plus variées, des plus minutieuses et des plus étendues. Aussi bien, en y réfléchissant, j'observe qu'aucune classe d'employés ne se trouve dans des conditions favorables pour l'approfondir, et même je n'en vois pas à qui l'étude de la question soit imposée d'une manière particulière.

J'ai montré plus haut que trois sortes d'agens maritimes sont, à différens degrés de la hiérarchie, chargés de l'inspection de la pêche, à savoir : le préfet de l'arrondissement, le chef du sous-arrondissement, et le commissaire du quartier ; et j'ai fait voir en même temps que, par une raison ou par une autre, ces trois agens ne consacrent en réalité à ce sujet qu'une part fort minime, sinon tout-à-fait nulle, de leur attention et de leurs soins.

D'un autre côté, il est bien démontré que les tribunaux présentement pourvus du droit de juger les délits de pêche, n'ont pas plus le désir de les bien apprécier et de les bien comprendre, qu'ils n'ont d'envie de les réprimer et de les punir.

Dans des circonstances pareilles, ce serait un grand hasard qu'un sujet, par lui-même si difficile et si compliqué, eût été aussi mûrement approfondi que le demanderait son importance.

Suivant nous, l'organisation de cette étude est précisément le premier objet qu'on doit se proposer, et pour atteindre cet objet, nous pensons qu'aucun moyen ne serait meilleur que l'établissement de bonnes institutions judiciaires, d'institutions judiciaires spéciales pour la pêche. J'entretiens la conviction que, si l'on veut arriver à une bonne législation de la pêche, c'est par les institutions judiciaires qu'il faut commencer.

Supposez des juges bien dévoués à leur mission, supposez qu'ils aient le zèle aussi bien que l'intelligence de la justice : dans ce cas, eux, qui appliquent la loi, verront clairement par où la loi est défectueuse.

L'intelligence et le zèle de la justice manquent, il faut le dire, aux juges actuels des délits de pêche ; c'est ce côté de la réforme qui doit être abordé le premier.

L'état actuel de la pêche côtière offre deux grands vices : l'un relatif à la loi, l'autre à la judicature. Les règles sont mauvaises, confuses, ou inapplicables; le magistrat est partial ou négligent ; ces deux défauts s'enchaînent l'un avec l'autre, et on tourne là dans un cercle vicieux. Ne prétendons point tout réformer à la fois, et avant de statuer à l'aveugle sur la matière des délits et des peines, commençons par améliorer ce qui dépend de l'ordre judiciaire. Occupons-nous d'abord du tribunal, la loi viendra ensuite ; ayons des juges suffisamment éclairés et suffisamment sévères, et ne doutons pas que bientôt ils ne nous mettent sur la voie pour corriger la législation ; car tout bon magistrat désire, cherche, et s'estimerait heureux d'indiquer pour ses arrêts un texte clair et des dispositions équitables.

Du reste, la marche que nous conseillons ici est celle que l'on suit dans des circonstances analogues.

Avant de formuler nos nouveaux codes, nous avons eu notre nouvelle organisation judiciaire. Rien de plus propre à éclairer le législateur que les lumières du jurisconsulte. Vous voulez aujourd'hui réformer le système des prisons, et vous prenez l'avis des cours royales. Si nous tenions à connaître les lois et coutumes des Arabes, nous nous adresserions aux magistrats de l'Algérie.

Mais, dans le sujet qui nous occupe, auprès de qui se renseigner ?

Sera-ce auprès des hommes de la marine? vous ne rencontrerez chez ces hommes qu'une connaissance superficielle des questions que vous leur soumettrez, par la raison que rien ne leur a imposé le devoir de les étudier à fond.

Vous adresserez-vous aux tribunaux ordinaires? les juges ordinaires ne vous éclaireront pas davantage, parce que la matière est trop exceptionnelle, sans compter qu'ils n'y prennent, en raison des motifs que nous avons déduits plus haut, qu'un intérêt fort médiocre.

Chez les juges ordinaires, dans les affaires de pêche, vous trouverez souvent : d'abord de l'ignorance due à la force des choses ; et ensuite, quelquefois, par dessus cette ignorance naturelle, vous trouverez encore une certaine dose d'ignorance volontaire. La juridiction que vous interrogerez est à la fois ordinaire et inférieure : et pourtant la matière des délits est à la fois très spéciale dans ses détails, puisqu'il s'agit de marine, et très haute dans son objet, puisqu'il s'agit seulement d'intérêt national et point d'intérêt privé. On saura peu, et on ne dira pas le peu qu'on sait. Le sujet est technique ; comme tel il exige, jusqu'à un certain point, des lumières professionnelles que le juge ordinaire ne possède point. Le sujet est exclusivement public ; par là il se trouve trop élevé pour des juges locaux, pour des maires, pour des juges de paix, peut-être même pour des juges correctionnels. Du côté des juges ordinaires, vous n'obtiendrez donc point de renseignemens satisfaisans.

Vous n'aurez de bons renseignemens ni du côté des juges, ni du côté des hommes de la marine ; ni les uns ni les autres ne sont dans une position à vous éclairer. Il s'agit d'une législation spéciale : si vous consultez les hommes spéciaux, ils vous renverront aux légistes ; si vous consultez les légistes, ils vous renverront aux hommes du métier ; tout le monde se déclarera plus ou moins incompétent.

Personne ne connaît bien cette législation spéciale, parce que, pour la bien connaître, il faut être à la fois homme spécial et homme de loi, et parce que, dans l'état actuel des choses, cette capacité double ne réside chez personne.

Attribuez aux mêmes hommes les deux qualités, et vous aurez vidé la moitié de la question.

La réalisation de cette idée de judicature forme surtout l'objet de ces quelques lignes, et je finirai par là ; toutefois, avant d'arriver à cette dernière partie du sujet, je dirai encore quelques mots des règles et infractions.

L'ordonnance d'août 1681 classait, sous trois titres, les règles relatives aux instrumens de pêche ; elle considérait à part : 1° les rets ou filets ; 2° les parcs et pêcheries ; 3° les madragues et bordigues.

Voici sur quelles différences naturelles cette classification se fondait.

Les rets et filets sont les instrumens qu'on emploie en mer ; les parcs et pêcheries sont les moyens dont on se sert sur le rivage ; les madragues ou bordigues, qu'on trouve surtout dans la Méditerranée, dépendent, à la fois, et du rivage et de la mer.

Je parle d'abord de ces deux dernières classes de moyens de pêche, des moyens employés à terre, et des instrumens mixtes. A cet égard, j'observe que la législation ancienne dénote une grande fixité de vues : j'ai déjà fait cette remarque pour les parcs et pêcheries ; je la répète pour les madragues et bordigues ; dans aucun des deux cas, ni indécision, ni arrêts contradictoires. Il est donc probable que les principes relatifs aux instrumens à terre et aux instrumens mixtes, que ces principes étaient bien connus et établis sur les données d'une sage expérience. C'est pourtant à eux qu'il semble qu'on ait le plus complètement renoncé. Cette entière désuétude provient de deux causes. D'abord, en raison de mauvaises pénalités, l'ancienne législation, la seule existante, est ici, la plupart du temps, inapplicable. Ensuite, ces moyens s'emploient hors des ports, en pleine côte, tandis que les agens de surveillance de la pêche ne résident que dans les ports; par là, les délits qui peuvent être commis sur ce sujet, restent inconnus et échappent à toute répression.

La répression est une affaire de police dont nous parlerons tout-à-l'heure, et qu'il faut, croyons-nous, établir sur une base nouvelle. Mais, quant aux principes, ils existent; il ne s'agit que de les dégager, de les reconnaître, de les rendre applicables. Et, pour cela, il faut regarder l'ancienne législation; séparer la peine, qui est mal entendue, d'avec la règle qui est bien tracée; garder et sanctionner cette bonne règle, et apporter, dans cette pénalité mal conçue, les changemens que la marche du temps et l'esprit général de nos codes ont rendus nécessaires.

Tel serait, croyons-nous, le procédé à suivre, soit pour les madragues et bordigues, soit pour les parcs et pêcheries.

Une marche semblable ne saurait être adoptée pour ce qui concerne les rets et filets, notamment dans ce qui se rapporte aux filets trainans; car nous avons vu combien, à cet égard, l'ancienne législation a varié. Nous trouvons d'abord l'ordonnance de 1681; sur ce point des filets trainans, l'ordonnance de 1681 est incomplète. Elle ne prévoyait pas certaines habitudes de pêche avec les filets traînans. Ces habitudes s'étant introduites plus tard, il fallut interpréter un texte trop sommaire et trop vague; on le fit, tantôt dans un sens, tantôt dans l'autre. Il fut alternativement statué, sur ces nouvelles habitudes, de la manière la plus diverse. Il y a donc ici matière à doute et à incertitude : il faut choisir entre des dispositions contradictoires.

Cependant, parmi ces dispositions contradictoires, nous en distinguons qui offrent un caractère de logique, et que des motifs d'intérêt général semblent avoir dictées; d'autres, au contraire, qui portent l'empreinte d'une grande légèreté, ou dans lesquelles ne se découvre que l'influence des considérations particulières. Dans la première classe nous rangeons les actes qui prohibent le rets-traversier; dans la seconde, ceux qui le permettent.

Les actes qui interdisent cet instrument s'appuient sur des considérations détaillées et plausibles; ceux qui l'autorisent ne s'étayent d'aucune raison ou, au moins, ne s'étayent que de raisons mal déduites.

Ainsi, au total, l'examen de l'ancienne législation semble indiquer que le rets-traversier est un instrument nuisible.

Du temps du consulat, une loi est intervenue sur les instrumens de pêche, la loi de ventôse an XI. Cette loi est fort peu explicite et manque de détails. On ne sait pas bien de quels filets il y est parlé. Le gangui et la dreige y sont interdits. Le chalut ou rets-traversier est-il une dreige? Voilà ce sur quoi on a beaucoup discuté dans l'ancien temps, et ce qui est resté indéterminé. Pour moi, je pense que le chalut est une dreige, parce que la dreige est en général le filet traînant et qu'on traîne le chalut. D'après cette interprétation, il semblerait que la loi de l'an XI prohibât cet intrument et l'eût reconnu préjudiciable.

Quant aux faits patens, présens; quant à l'opinion des hommes pratiques de nos jours, j'observerai d'abord que, peut-être, pour exprimer à cet égard un avis bien positif, il conviendrait d'être plus éclairé que je ne le suis. Cette réserve faite, je dirai qu'autant que j'ai pu en juger par quelque séjour dans différens ports de la Manche, l'examen des opinions et des faits me conduit à condamner le chalut. On voit cette poche rapporter en grande quantité du frétin. J'ai vu cela, pour mon compte, étant en partie de pêche et hors du service. Beaucoup de personnes, s'occupant de pêche, m'ont affirmé que l'usage du rets-traversier nuit à la reproduction du poisson.

Cependant, conseillerions-nous de supprimer dès à présent le chalut? Non. Il faut y regarder davantage. Et nous répétons ici ce que nous avons indiqué plus haut, c'est à dire que ce qu'il nous paraîtrait le plus sage de faire à cet égard, serait de prendre une mesure provisoire, et que cette mesure provisoire devrait tout simplement consister à exécuter la loi; à exécuter la loi du 13 mai 1818, laquelle loi n'autorise le chalut qu'à deux lieues des côtes en hiver et à trois lieues en été.

La pratique actuelle est de se servir du rets-traversier en

toute saison, à une lieue de la côte. Le règlement de mai 1843 sanctionne cet usage. Nous pensons que c'est un tort. Ce tort est-il reconnu? Est-ce là le motif qui empêche la promulgation du règlement? Peut-être ce retard vient-il d'autres raisons. Mais celle-ci serait valable; car le règlement ne ferait ici que sanctionner un abus reconnu nuisible et qu'il s'agit de déraciner. La disposition dont nous parlons se trouve dans l'article 16 du règlement de mai 1843. Cet article 16 paraît devoir perpétuer les inconvéniens les plus graves.

Pourtant, dira-t-on, le règlement de mai 1843 est réciproque entre nous et les Anglais. Ainsi, ce qui se fera sur nos côtes se passera également sur les leurs; or, ils ont la réputation d'entendre fort bien toutes ces matières. Le rets-traversier est autorisé des deux parts, sur l'une comme sur l'autre côte, pour les pêcheurs des deux nations. Si cet instrument cause véritablement tous les dommages qu'on lui attribue, comment les Anglais, ces gens habiles, auraient-ils accepté un semblable préjudice?

A cela, je réponds que la côte anglaise n'est pas placée dans les mêmes conditions que la côte de France. Trois différences se remarquent entre les deux côtes. La première différence se rapporte à la profondeur de l'eau; la seconde, à la configuration du rivage; la troisième, aux habitudes du poisson.

En premier lieu, la côte anglaise est généralement plus profonde que la nôtre. Il est, par conséquent, probable que le frai du poisson s'y dépose plus près de terre que sur la côte française. La distance de trois milles, prescrite pour l'usage du chalut, peut donc, chez nous, se trouver trop petite, et, en Angleterre, se trouver convenable.

Secondement, la côte d'Angleterre est plus découpée que la côte de France. Par exemple, vous ne trouverez dans aucun endroit de la côte d'Angleterre une vaste baie comme celle qui s'étend depuis le cap d'Antifer, près du Havre, jusqu'à Ambleteuse, près de Calais. La côte anglaise offre, en plus grand nombre que chez nous, des golfes ayant moins de dix milles d'ouverture. Or, aux termes du deuxième paragraphe du deuxième article de la convention, les golfes de moins de dix milles d'ouverture font toujours entièrement partie de la mer territoriale. L'autorisation du chalut n'existe que pour la mer commune. Ces golfes, plus nombreux sur la côte anglaise que sur la côte de France, restent donc en dehors de l'autorisation du chalut. Chez nous, la mer territoriale ne s'étend le plus souvent qu'à trois milles ; en Angleterre, la mer territoriale s'étend, en réalité, plus fréquemment que chez nous, bien au delà de trois milles.

L'article 16 n'a donc point, pour les deux pays, la même portée. Il affecte plus la côte de France que la côte d'Angleterre.

Mais la plus grande différence que les deux côtes présentent est celle qui se rapporte à la pêche du hareng.

La pêche du hareng souffre beaucoup de l'usage du chalut. Le hareng ne va pas sur la côte anglaise de la Manche, mais bien sur la côte orientale d'Angleterre. La côte orientale d'Angleterre n'est pas comprise dans la convention. La convention n'a trait qu'aux côtes de la Manche. Chez nous, ce n'est que sur la côte de la Manche, entre Dieppe et l'embouchure de la Somme, que se rencontre le hareng.

Ainsi, pour nous, le règlement peut causer à la pêche du hareng un grand préjudice ; pour les Anglais, la pêche du hareng est hors de la question.

Voilà les trois différences bien établies.

De ce que le règlement est bon pour la côte anglaise, on ne peut donc pas conclure qu'il convienne pour la nôtre, puisque, sur trois points importans les deux côtes diffèrent.

L'administration de la marine, assure-t-on, s'occupe de rassembler les données d'un code général des pêches. Le ministre a dit, dans son rapport au roi du 20 décembre 1845, que le département y porte une grande attention. Ce travail ne peut que produire les résultats les meilleurs. Mais, à ce sujet, nous ferons une remarque.

Peut-être se préoccupe-t-on trop de vouloir établir, pour toutes nos côtes, un système bien uniforme. Ne serait-ce pas à cette préoccupation qu'il faudrait attribuer le retard d'un règlement sur la matière? Nous doutons qu'il soit possible d'atteindre à cette uniformité. Les circonstances locales ne doivent-elles pas, forcément, introduire d'assez grandes variations dans les règles? Par exemple, l'absence de marées dans la Méditerranée ne doit-elle pas donner lieu, sur ces rivages, à d'autres dispositions de pêche que dans l'Océan? Il nous parait impraticable de trouver des règles de pêche qui puissent être suivies partout.

L'homogénéité en législation est, sans doute, une chose excellente, et, en France, on en a fort le goût; cependant les faits s'y opposent quelquefois, et il ne faut pas vouloir forcer la nature. A défaut de renseignemens suffisans pour former un règlement général, il n'y aurait pas grand inconvénient à en faire de particuliers, seulement pour certaines parties des côtes. Si l'on tenait à embrasser toute la pêche côtière dans des règles générales, il est à craindre qu'on ne cherchât long-temps et que, peut-être, en dernière analyse, on ne pût parvenir à les trouver.

Une division naturelle semble s'offrir à cet égard : c'est celle des trois mers; la Manche, l'Océan, la Méditerranée. Il est permis de supposer que ces trois positions produisent, dans la pêche, trois états différens. C'est certainement le cas pour la Méditerranée, où l'on fait des pêches toutes particulières; ce n'est que là qu'on rencontre ces madragues et bordigues dont nous parlions plus haut.

De toute manière : ce que nous indiquons, c'est que, si on ne peut trouver de formules générales pour toutes les règles de la pêche, ce n'est pas une raison pour s'abstenir de la régler aucunement.

Je crois l'observation motivée. On cherche un règlement général et on n'y arrive pas : c'est que, sans doute, on tient trop à le généraliser.

Pour voir à tout ceci, nous pensons qu'il y aurait lieu d'envoyer présentement en mission des inspecteurs de pêche. Voici comment je comprendrais cette inspection.

Trois inspecteurs seraient nommés. Ce ne serait pas une commission de trois inspecteurs. Dans ce cas-ci, comme dans beaucoup d'autres, une commission ne vaudrait rien. Il faudrait là trois inspecteurs isolés qui rempliraient leur tâche tout-à-fait indépendamment les uns des autres. Seulement, comme la besogne serait grande, on pourrait, à chaque inspecteur, adjoindre un écrivain qui lui servirait en même temps de collaborateur et de secrétaire, mais qui serait placé sous ses ordres, de façon que le rapport ne vînt que d'une seule personne.

La durée de l'inspection serait d'une année. Au bout de ce laps de temps, le rapport devrait être présenté au département de la marine. Les inspecteurs voyageraient partout ; en France, en Angleteterre, en Hollande, en Amérique, et sur mémoire, s'il était nécessaire. Il faudrait là des hommes actifs, perspicaces, dévoués au sujet de leur mission.

Nous croyons qu'au bout d'une année ces missions auraient produit de bons résultats. Les inspecteurs ne devraient pas avoir moins de latitude, quant au mode d'envisager la question, que de liberté pour les moyens de l'étudier. On leur tracerait un cadre, et ils devraient, dans tous les cas, commencer par le remplir. Mais s'ils en imaginaient un autre qui leur parût meilleur, ils l'adopteraient et y disposeraient leurs observations à leur guise.

Si ces soins étaient confiés à des hommes de talent, on peut présumer que leurs trois rapports répandraient sur le sujet une lumière complète.

Avant de se mettre en route, ils étudieraient bien la législation. Ils remarqueraient : où la législation se prononce nettement; où elle hésite ; où elle se tait ; et, dans ces deux derniers cas, ils se demanderaient la raison de cette incertitude ou de ce silence. Autant que possible ils asseoiraient leurs opinions d'avance, sauf à les modifier ensuite. Le thème ainsi préparé, les faits leur parleraient un langage intelligible ; car il faudrait éviter qu'ils partissent à l'aventure. Il faudrait, au contraire, que le sujet fût d'abord bien mûr dans leur esprit. Autrement, leurs observations ne seraient qu'un chaos, et l'argent qu'ils auraient dépensé serait en pure perte.

C'est ainsi que j'entendrais ces inspections.

Je résume tout ce que je viens de dire sur les règles de la pêche.

Je propose, à cet égard, quatre mesures :

1° Remettre en vigueur la loi du 13 mai 1818 ;

2° Effacer l'article 16 du règlement de mai 1843 ;

3° Rétablir les anciens principes sur les parcs et pêcheries, ainsi que sur les madragues et les bordigues, en y adaptant des pénalités nouvelles ;

4° Nommer trois inspecteurs temporaires de la pêche côtière, avec mission d'examiner l'état de cette industrie tant en France qu'à l'étranger. Cette inspection donnerait les moyens de se prononcer sur les points indécis relatifs aux rets et filets.

Voilà ce qu'il me paraîtrait, présentement, convenable de faire au sujet des règles de la pêche.

Cela dit, je quitte ce sujet, et je passe à la question des institutions judiciaires.

Examinant d'abord ce que sont devenues les attributions de l'amirauté, je les trouve disséminées un peu partout. Suivons-les dans leur dispersion.

Je distingue quatre pouvoirs co-partageans de cet héritage :

1° La justice ordinaire ;

2° La juridiction exceptionnelle du commerce ;

3° La juridiction exceptionnelle militaire ;

4° L'autorité administrative.

Voici le lot de chacun :

Les tribunaux de commerce ont, en première instance, la connaissance de tous les différends privés concernant les vaisseaux ou les opérations du commerce maritime. A l'appel, ce genre d'affaires retourne à la justice ordinaire, représentée par les cours royales.

L'administration de la marine et le conseil d'Etat statuent sur les prises, les bris et les naufrages.

L'administration des finances perçoit les droits de navigation.

Les agens de la marine, les agens des douanes et les autorités locales verbalisent concurremment sur le décès des personnes qui périssent à la côte par suite de naufrages.

Les ponts et chaussées veillent à l'entretien des ports et des rades, et la connaissance des délits contraires à cette sûreté appartient, soit aux juges de police, soit aux tribunaux correctionnels.

Les crimes, délits, contraventions, les infractions quelconques commises dans les ports, ressortent de la justice ordinaire.

Les crimes commis à bord des vaisseaux marchands sont jugés par des tribunaux militaires, par les tribunaux maritimes.

Quant à la pêche côtière, les différends qui en dépendent ont passé à la fois aux tribunaux de commerce, à l'administration de la marine et à la justice ordinaire. Le débat a-t-il lieu entre deux parties civiles? la matière est alors de la compétence des tribunaux du commerce. S'agit-il d'un délit? la police est exercée, bien que d'une manière très imparfaite, par l'administration de la marine; et, quant à la justice, ce sont les tribunaux ordinaires qui la rendent.

Tout le compte des attributions de l'amirauté ne se trouve pas là. Il y a des objets de la compétence de cette juridiction qu'on ne saurait retrouver nulle part, attendu que ces objets n'existent plus, attendu que certaines fonctions de l'amirauté ont, tout-à-fait, cessé d'être remplies. C'est ainsi qu'il n'y a plus de maîtrises, parce que l'industrie est libre. C'est ainsi que personne n'inspecte le guet de la mer, parce qu'aujourd'hui la population du littoral n'est plus organisée pour la défense des côtes. C'est ainsi que certains délits commis à bord des vaisseaux marchands, et qui ne sont pas de la compétence des tribunaux maritimes, ne ressortent en réalité d'aucune juridiction, vu que les délinquans échappent, par leur qualité de citoyen, à tout tribunal exceptionnel, et, par le fait de leur profession, à la justice ordinaire.

Une partie des anciennes attributions de l'amirauté a donc été purement et simplement annulée et détruite. Le reste a été réparti, comme nous l'avons vu, entre différentes mains.

Cette répartition provoque deux remarques. D'abord on voit que deux juridictions exceptionnelles, à savoir, les tribunaux de commerce et les tribunaux maritimes, ont recueilli une partie de cette compétence. Ensuite on observe que d'autres objets de la compétence de l'amirauté ont passé à l'autorité administrative, c'est à dire à une autorité naturellement plus arbitraire et plus pesante que le pouvoir judiciaire qui les possédait autrefois.

Ces deux remarques nous portent à conclure qu'on ne contreviendrait pas à l'esprit de tous ces changemens modernes et qu'on ne lèserait pas les intérêts du justiciable, en attribuant à une juridiction exceptionnelle et administrative la connaissance des délits de pêche.

Ici, nous professons une conviction précise et formelle. Notre opinion est que les délits relatifs à la pêche côtière devraient être entièrement soustraits aux tribunaux ordinaires. Dans notre idée, la connaissance en passerait aux agens de la marine. Les agens de la marine formeraient, pour ce genre particulier d'infractions, une magistrature spéciale.

Nous imaginerions cette juridiction divisée en deux parts. Il y aurait, d'un côté, la police judiciaire et les fonctions du ministère public; de l'autre, la justice proprement dite, c'est à dire le droit de sentence; d'un côté, la recherche et la poursuite du délit; de l'autre, les débats et le jugement. Ces deux ordres de soins seraient confiés à deux différentes sortes d'agens maritimes. L'action publique appartiendrait à la partie militaire de la marine, aux officiers de vaisseau; la justice, au corps du commissariat, aux officiers d'administration. Ceux-ci formeraient le tribunal, et ceux-là le parquet.

Les commissaires de la marine, placés à la tête des sous-arrondissemens et quartiers, possèderaient à la fois la capacité administrative et la capacité judiciaire. Ils auraient leur bureau et leur audience. Aux soins nautiques des officiers de vaisseau employés à la garde de la pêche, viendraient pareillement se joindre des attributions de judicature. Leurs occupations se partageraient entre le bâtiment et le tribunal.

Indiquons dans quelles circonscriptions s'enclaverait toute cette justice.

Le littoral de la France se divise aujourd'hui en cinq arrondissemens ou préfectures maritimes; en treize sous-arrondissemens; en cinquante-sept quartiers. L'arrondissement obéit à un préfet, le sous-arrondissement à un commissaire général de marine, le quartier à un commissaire de marine. Ces circonscriptions se subordonnent les unes aux autres.

Parmi ces trois circonscriptions, les deux plus inférieures, à savoir, les sous-arrondissemens et quartiers, serviraient à notre plan; les préfectures ou arrondissemens en seraient au contraire écartés.

Nous aurions deux degrés de juridictions: une juridiction de première instance et une juridiction d'appel. Les commissaires de quartier seraient les premiers juges. Il pourrait être appelé de leurs décisions par devant les commissaires généraux, chefs de sous-arrondissemens.

Les officiers de vaisseau commandant les bâtimens garde-pêche seraient principalement chargés de découvrir et de traduire en justice les délits de pêche dont ils auraient connaissance, soit dans le port, soit sur la côte, soit en mer. A cet effet, ils auraient sous leurs ordres les syndics, les gardes et les gendarmes maritimes. Ces agens, syndics, gardes et gendarmes n'en resteraient pas moins, à d'autres égards, sous l'autorité du commissaire de marine chef du quartier; mais celui-ci leur prescrirait de mettre leur concours à la disposition de l'officier de vaisseau qui en ferait la requête. Quant à la police, les officiers de vaisseau seraient considérés comme officiers de gendarmerie. Quant à l'accusation, ils rempliraient les fonctions du ministère public.

On distinguerait deux classes d'officiers de vaisseau garde-pêche: les officiers chefs de station et les officiers inférieurs, soit capitaines de navires, soit embarqués en sous-ordre. Les officiers inférieurs seraient rapporteurs auprès des commissaires de quartier. Les officiers chefs de station, seraient procureurs du roi près le tribunal du chef de sous-arrondissement.

Les commissaires de quartier ou premiers juges connaîtraient de tous les délits de pêche, quelle que fût leur gravité, mais seulement des délits; ils ne pourraient statuer sur aucune question de dommages-intérêts. Si, à une action publique, se mêlait une action civile, cette dernière partie de l'affaire serait renvoyée par devant les juges de commerce. Sur les questions de dommages intérêts, sur l'action civile, le commissaire de quartier ne pourrait prononcer aucune sentence. Sur les questions de délit, sur l'action publique, le commissaire de quartier prononcerait toute sentence.

Cette sentence ne serait définitive que pour les amendes de cinq francs ou au dessous, ou bien pour les emprisonnemens de trois jours ou au dessous. L'inculpé pourrait attaquer toute sentence emportant, soit une amende plus forte que cinq francs, soit un emprisonnement plus long que trois jours, soit une confiscation quelconque.

La faculté d'appeler appartiendrait au rapporteur, dans tous les cas, quelque légère que pût être l'infraction poursuivie. Et au procureur du roi près le tribunal de sous-arrondissement maritime, appartiendrait aussi le pouvoir direct d'évoquer l'affaire devant le tribunal d'appel, après toutefois que le premier juge aurait rendu son verdict.

A l'audience du premier juge, la procédure serait semblable à celle qui se pratique auprès des conseils de discipline à bord des vaisseaux. Auprès du juge d'appel, la procédure serait analogue à celle dont on fait usage par devant les tribunaux maritimes.

Le commissaire de police aurait, pour le débat, l'assistance d'un greffier. Quant au jugement, le commissaire de quartier le rendrait à lui seul.

Le tribunal d'appel se composerait de trois juges. Il serait présidé par le commissaire général chef du sous-arrondissement. Et y siégeraient en outre : d'abord un autre juge amovible, agent de la marine ; et ensuite un troisième juge inamovible qui serait choisi parmi les anciens pêcheurs.

Si ce troisième juge inamovible pouvait être élu par les hommes de sa profession, ce serait au mieux. A défaut de moyens de faire cette élection, et en attendant, il conviendrait de les choisir, dans cet esprit, parmi les plus notables et les mieux famés de leur classe. A cet emploi devraient être attachés de bons émolumens.

Cet arrangement d'un juge pris parmi les pêcheurs présenterait beaucoup d'utilité. D'abord, par son savoir professionnel, il serait plus à même que toute autre personne d'éclairer les affaires; ensuite, les pauvres matelots, voyant là un des leurs, en aimeraient l'institution davantage, et cette place serait pour eux une récompense et un but de légitime ambition.

En même temps, l'intérêt public serait toujours bien garanti; car, sur trois juges, il y aurait deux agens publics, deux agens de la marine, deux agens pénétrés de l'importance de réprimer efficacement les délits de pêche.

Toute cette justice serait complètement indépendante des préfets maritimes. Les chefs de sous-arrondissemens recevraient directement, à cet égard, les instructions du ministre. Bien entendu, d'ailleurs, que ni eux ni les premiers juges n'auraient à répondre envers personne de leur sentence, pas plus au ministre qu'à toute autre autorité. Je parle seulement des détails de l'administration judiciaire.

Les bâtimens garde-pêche seraient aussi en dehors de l'autorité des préfets maritimes. Ils ne dépendraient pas davantage des chefs des arrondissemens, et, en tout, ne seraient pas plus assujettis à l'action des autorités maritimes locales que s'ils étaient en mission à l'étranger. Les chefs de station correspondraient directement avec le ministre, et tous les autres officiers employés à la garde de la pêche obéiraient au chef de station.

Il y aurait une station de pêche par chaque sous-arrondissement.

Tels sont les traits généraux de l'organisation judiciaire spéciale que nous proposerions pour les délits de pêche.

Examinons les avantages que ce système offrirait.

La juridiction des délits de pêche serait bien placée dans le département de la marine. Le point est, par lui-même, assez clair: dans le service de la marine doivent, naturellement, se rencontrer les hommes à qui les questions relatives à l'industrie de la pêche sont le plus familières. On fait juger le commerce par des commerçans, les soldats par des soldats. Il faut faire apprécier des délits nautiques par des hommes sachant et aimant la marine.

Les délits de pêche sont, surtout, des infractions à l'intérêt général, à la chose publique. Ce n'est pas à des tribunaux offrant un caractère plus ou moins prononcé de localité qu'il convient d'en connaître. Il est bon, au contraire, que le droit de les juger émane, directement et seulement, du pouvoir exécutif, et on atteindrait cet objet en en conférant la compétence à des agens du département de la marine.

Nous attribuons à deux sortes d'agens : d'une part, la police et la poursuite ; de l'autre les jugemens ; les premières fonctions à des officiers militaires ; les secondes à des officiers d'administration. Cette distinction se fonde sur la nature des choses, sur les dispositions, les tendances et l'aptitude de ces deux espèces d'employés.

Pour découvrir facilement des infractions maritimes, il est nécessaire d'avoir l'habitude de la mer et des hommes qui la fréquentent. Il est vrai qu'une grande partie, que le plus grand nombre peut-être des délits de pêche se commettent sur le rivage. Mais encore le soin de les surveiller ne peut-il être bien rempli que par des agens qui puissent, à leur gré, se transporter, soit de terre au large, soit du large à terre, soit d'un point à l'autre de la côte, par la voie de mer. Il importe d'être marin et de monter un bâtiment pour bien apprécier tout ce qui peut se pratiquer de contraire aux lois de la pêche. Voilà pourquoi le soin de saisir la justice de ces infractions nous paraît devoir être attribué aux officiers de vaisseau, et à des officiers de vaisseau embarqués.

D'un autre côté, les seules ressources, les seuls surveillans, les seuls moyens de coërcition du navire garde-pêche ne suffiraient point à cette police. C'est pourquoi nous mettons à la disposition de l'officier garde-pêche, les syndics, les gardes et les gendarmes maritimes. Et afin qu'il soit bien entendu que cette police ne doit pas consister dans une surveillance vague et un contrôle sommaire, mais bien dans la répression efficace, active et zélée des délits, nous disons que l'officier de vaisseau, investi d'une fonction semblable, doit se regarder comme officier de gendarmerie. Ainsi munis, ainsi avertis, les officiers de vaisseau seront, à l'égard des délits de pêche, de bons officiers de police judiciaire.

De plus, ne se trouvent-ils pas dans des conditions favorables pour représenter, dans ce genre d'affaires, le ministère public? La pêche côtière est une partie importante de la marine, et la marine fait leur existence et leur honneur. Qui pourrait, mieux qu'eux, comprendre l'importance de prévenir le dépérissement de cette industrie?

Mais s'ils sont très propres à rechercher et à poursuivre les délits, peut-être auraient-ils, comme juges, une promptitude et une vivacité trop grandes. La tâche permanente d'audiences régulières irait-elle à leurs habitudes de mouvement? Les manières un peu brusques que le service de la mer fait souvent contracter, ne seraient-elles pas en désaccord avec la modération et le calme que requiert l'administration de la justice?

Pour faire des hommes de loi, nous avons à choisir entre des hommes d'épée et des hommes de plume : ces derniers nous paraissent préférables. De bons juges doivent posséder, à un haut degré, le sentiment de la patience et celui de la règle. La patience, l'ordre et la règle, s'apprennent plus dans le cabinet d'un administrateur que sur le pont d'un vaisseau, plus dans les livres et dans les chiffres que dans l'action et le commandement. C'est pourquoi nous aimerions mieux voir rendre la justice par des officiers du commissariat que par des officiers de marine. Les officiers du commissariat auront déjà rempli, à bord des bâtimens, les fonctions de greffier auprès des conseils de discipline et des conseils de guerre; ils ne seront pas étrangers aux questions de procédure. En raison de ces différens motifs, c'est par eux qu'il conviendrait davantage de faire juger les délits.

Mais l'action publique, l'initiative des poursuites appartiendraient à l'officier de vaisseau, qui personnifie le plus énergiquement l'intérêt de la marine, l'intérêt public.

Cette division des attributions du parquet et des fonctions de la magistrature assise entre deux classes de personnes, d'allures, de coutumes et de dispositions différentes; cette division nous paraît, soit pour l'individu justiciable, soit pour le public attaqué dans son bien, une utile garantie d'impartialité. On voit souvent rivaliser entre eux les officiers de vaisseau et ceux de l'administration maritime. Cette rivalité ne serait ici que d'un effet salutaire ; il ne serait pas à craindre que ces deux espèces d'agens s'entendissent pour opprimer les pêcheurs, pas plus que pour user à leur égard d'une fâcheuse indulgence. Nous croyons donc que ce système offrirait à tous les intérêts une protection efficace.

Un mot maintenant des circonscriptions proposées.

Les grandes circonscriptions entre lesquelles le littoral de la France se divise, ces grandes circonscriptions restent en dehors de mon plan. Mon plan écarte les arrondissemens ou préfectures maritimes.

L'idée, il faut le dire ici, se rattache à un système général d'affaires maritimes, dans lequel les préfectures ou arrondissemens maritimes seraient abolis.

Qu'on nous permette donc, à cet égard, une digression.

Ces grandes circonscriptions nous semblent, de tous points, vicieuses et préjudiciables. Les sous-arrondissemens nous paraissent des circonscriptions très bonnes ; mais les arrondissemens nous semblent des circonscriptions très mauvaises, et voici pourquoi :

Nous leur trouvons deux grands défauts : d'abord elles sont trop étendues ; ensuite, le commandement ne peut y être exercé d'une manière efficace par les préfets, attendu que les préfets maritimes sont surchargés de soins exclusivement relatifs à la localité qu'ils habitent, au chef-lieu de l'arrondissement, soins assez pressans, tâche assez lourde pour les empêcher tout-à-fait de veiller au reste de la circonscription.

Que dirait-on, si un préfet de département était chargé de toute l'administration intérieure de la ville qui forme le chef-lieu du département, s'il présidait aux finances de cette ville, à son édilité, à sa défense militaire, à la justice qui s'y rend, aux travaux d'art les plus compliqués qui s'y exécutent ? Ne dirait-on pas qu'il aurait là plus de travail qu'un homme n'en peut faire ; et que, pour ce qui est de diriger l'administration du reste du département, cette direction ne pourrait être, à coup sûr, autre chose que fictive et nominale ?

Eh bien ! l'hypothèse, gratuite pour les préfets de département, est fondée quant aux préfets d'arrondissemens maritimes. Leurs attributions au chef-lieu de l'arrondissement sont si grandes que c'est à peine s'ils peuvent y suffire. Le reste du territoire ne ressent de leur part aucune action ; j'entends aucune action utile.

Les circonscriptions maritimes de la France sont une anomalie au milieu des autres espèces de divisions du pays. Nous avons diminué l'étendue des grands ressorts judiciaires, des grandes circonscriptions administratives, et, en même temps, nous avons créé d'immenses circonscriptions maritimes. Le département d'aujourd'hui est plus petit que l'ancienne province ; le ressort de cour royale est plus restreint que celui des anciens parlemens ; et, en même temps, les chefs de nos grands ports se trouvent, à l'égard d'un territoire très étendu, investis d'une autorité qu'ils ne possédaient pas autrefois.

Cinq arrondissemens, comme on sait, forment tout le littoral de la France. D'autre part, ce littoral présente un développement de plus de cinq cents lieues. Si les arrondissemens sont supposés égaux, cent et quelques lieues formeront l'étendue de chaque préfecture. Et, si l'on suppose que le grand port soit au centre de la circonscription, cela fera cinquante lieues pour aller du centre aux extrémités, ou réciproquement.

Ce serait déjà beaucoup que ce rayon de cinquante lieues ; ce serait déjà plus que le plus grand rayon de nos principales circonscriptions administratives, et même de nos principales circonscriptions judiciaires. Mais les deux suppositions que nous avons faites ne sont point exactes ; elles sont si loin de l'être que Bayonne dépend de Rochefort, et qu'il y a soixante-dix lieues de Rochefort à Bayonne ; que Dunkerque dépend de Cherbourg et qu'il y a cent lieues de Cherbourg à Dunkerque.

Remarquez, en outre, que très souvent nous n'avons pas de route longeant la côte. Notre système de voies de communication consiste surtout à converger de Paris vers les extrémités du territoire. L'observation, vraie quant aux routes elles-mêmes, l'est encore davantage quant aux moyens de transport. Combien de fois ne se voit-on pas obligé, pour se rendre d'un point à l'autre de la côte, de rebrousser chemin dans l'intérieur jusqu'à une distance considérable? La plupart du temps on fera plus de cent lieues pour aller de Dunkerque à Cherbourg. Qui ne voit que ce sont là des distances trop considérables pour l'expédition courante du menu détail des affaires?

Considérons le mode de diffusion du pouvoir administratif.

Le pouvoir administratif réside d'abord dans la capitale du royaume; puis il se délègue sur tels ou tels points du territoire. Pourquoi ces délégations de l'autorité administrative? C'est afin que l'administrateur et l'administré soient plus près l'un de l'autre.

Eh bien! il faut trois jours pour se rendre de Dunkerque à Cherbourg, et il n'en faut qu'un pour se rendre de Dunkerque à Paris. Dès lors, cet intermédiaire de Cherbourg entre Paris et Dunkerque n'est-il pas évidemment mauvais? Le résultat direct de cet intermédiaire est de tripler les longueurs et les embarras du service.

Nous avons choisi cet exemple, parce qu'il est frappant; mais on trouverait que, dans beaucoup d'autres cas, les affaires gagneraient à être expédiées, directement, du chef-lieu de sous-arrondissement à Paris, sans l'intermédiaire de la préfecture. Dira-t-on que dans la pratique cet intermédiaire se supprime? Si vous le supprimez en fait, supprimez-le en droit. Toute autorité fictive est une autorité préjudiciable. On compte sur une certaine protection, et cette protection n'existe point. On suppose qu'il est pourvu à certains intérêts, et ces intérêts ne sont en réalité l'objet d'aucune attention. Vous croyez qu'il y a là un préfet qui veille à tout son arrondissement, et, en fait, l'arrondissement lui est étranger. Nous voyons ici un grand vice, une grande lacune dans le service public.

Le simple raisonnement indique, à priori, que les préfets maritimes ne peuvent qu'ignorer les affaires générales de l'arrondissement. L'expérience, pensons-nous, le prouve de reste. L'inscription, les invalides, les pêches, le cabotage, les forts et batteries, tout ce qui est en dehors du chef-lieu, tout cela, au fait et au prendre, échappe à leur action. La localité les préoccupe trop pour qu'ils puissent songer au dehors : ils vont au plus pressé et négligent le reste. Or, je dis que c'est là une des choses dans lesquelles l'expérience fournit les conseils les plus sûrs.

Lorsque vous avez institué un certain pouvoir, et qu'à l'user, au bout d'un laps de temps considérable, ce pouvoir, par la force des faits, s'est trouvé inutile, supprimez-le sans hésitation; car alors il n'est plus qu'un masque derrière lequel s'abritent les inférieurs pour agir sans responsabilité. Si ceux-ci sont les maîtres, reconnaissez les pour tels. Les chefs de sous-arrondissemens sont, en réalité, indépendans des préfets. Je ne crois pas qu'au fond ce soit un mal; je ne crois pas qu'au fond il puisse en être autrement; mais je dis qu'alors il faut que cette indépendance devienne évidente, officielle, légale.

Je reviens à mon sujet.

Le vice qu'on vient de voir dans l'arrondissement maritime, lorsque la circonscription est envisagée au point de vue administratif, se ferait sentir exactement au même degré, en matière judiciaire; c'est pourquoi cette circonscription est écartée de notre plan. Si la justice d'appel n'était déposée que sur cinq points de nos côtes, l'appelant s'en trouverait, dans un grand nombre de cas, beaucoup trop éloigné. Au lieu de cela, nous l'établissons dans les treize chefs-lieux des sous-arrondissemens.

Ainsi répartie, la justice d'appel se trouvera plus près de ses justiciables, que ne l'est des siens la justice des cours royales. En effet, chacun des treize arrondissemens présente une longueur d'environ quarante lieues : cela fait vingt lieues de rayon. Le rayon des cours royales est, généralement, de plus de vingt lieues.

Nos circonscriptions de première instance, nos quartiers seront, pour l'étendue, tout-à-fait analogues aux ressorts des tribunaux correctionnels, lesquels ne sont autre chose que les arrondissemens départementaux; car le nombre de quartiers est de cinquante-sept, répartis sur cinq à six cents lieues des côtes; soit dix lieues par quartier, soit cinq lieues du milieu aux extrémités. C'est à peu près là le rayon des tribunaux correctionnels ou arrondissemens départementaux.

Il entre dans notre plan de placer la garantie du justiciable, principalement dans le tribunal d'appel, et voici la raison qui nous fait désirer cette disposition.

Ce n'est pas que nous pensions que le premier degré de juridiction ne puisse pas présenter beaucoup de garantie. Non, ce n'est pas cela ; nous croyons, au contraire, qu'on pourrait placer une grande confiance dans l'impartialité du commissaire chef de quartier ; mais ce à quoi nous tenons surtout, c'est à ce que ce premier degré de juridiction soit simple, prompt et sommaire. Nous voulons qu'il en soit ainsi, et dans l'intérêt public qui demande que les délits de pêche soient vite réprimés, et dans celui du pêcheur dont le travail est à la mer et qu'il faut éviter de tenir trop long-temps dans l'attente d'un jugement. D'un autre côté, cette procédure simple, ce débat rapide, ce juge unique, tout cela n'est pas ce qui garantit l'équité et la modération ; cela n'exclut pas ces deux qualités dans la sentence ; mais cela ne les garantit pas assez, et pourtant il faut que la modération et l'équité soient suffisamment garanties ; c'est pour cette raison que nous plaçons la justice d'appel bien à portée du justiciable.

C'est aussi pour cela que nous composons le tribunal d'appel de trois juges, dont un pris parmi la classe des pêcheurs ; c'est encore par ce motif que nous n'accordons au premier juge la faculté de prononcer en dernier ressort que pour les emprisonnemens moindres de trois jours, et pour les amendes moindres que cinq francs. Sous ce dernier rapport, le commissaire de quartier n'aurait pas plus de pouvoir que les juges de paix.

Afin que le pêcheur n'eût pas à se déplacer, le tribunal d'appel déléguerait au besoin un de ses membres pour aller l'interroger et entendre les témoins sur les lieux.

Pourtant, dira-t-on, malgré toutes ces précautions, n'est-il pas toujours fâcheux de recourir à une juridiction exceptionnelle ? Sans doute, c'est toujours là, en soi, un fait regrettable ; mais encore arrive-t-il, dans beaucoup d'ordres d'intérêts, que cet inconvénient doit être subi, afin que des maux plus grands soient évités.

Deux espèces de raisons peuvent, dans la justice, motiver

l'exception; les unes particulièrement relatives aux individus, les autres puisées surtout dans l'intérêt public.

Quant aux individus, il se rencontre que leur profession ou des circonstances fortuites donnent à leurs actes une signification et une valeur toute particulières. La portée, le caractère des faits ne sauraient être alors bien déterminés et bien saisis par la justice ordinaire; celle-ci ne peut tout savoir : dans ces conditions spéciales, il faut des magistrats spéciaux.

Tel est le cas, par exemple, pour le commerce. Les opérations auxquelles se livrent les négocians ne diffèrent pas, dans leur origine première, de celles qui s'accomplissent dans les autres classes de la société; et pourtant les opérations des négocians sont soumises, au moins en première instance, à une juridiction d'exception. C'est que, si, au fond, les ventes, les achats, les emprunts, les engagemens quelconques des négocians; si au fond ces engagemens sont analogues à ceux que tout individu non commerçant peut contracter, néanmoins, dans la forme et dans les conséquences, ces actes revêtent, lorsque c'est d'un négociant qu'ils émanent, ces actes revêtent alors un caractère à part, et, pour bien comprendre toutes les questions relatives à la banque, au courtage, aux nolissemens, aux chartes-parties, etc., etc., etc., il faut avoir soi-même pratiqué ou du moins vu de près tous ces détails. De là, des juges de commerce.

Autre exemple. Tout le monde doit obéissance aux lois; néanmoins il est clair que les infractions aux lois militaires affectent un caractère tout spécial. Pour apprécier avec sagesse les manquemens à la discipline militaire, pour nettement discerner les causes et les effets des passions humaines lorsque c'est dans un camp ou à bord d'un vaisseau que ces passions s'agitent; pour être dans ce cas un bon juge, il faut être soi-même matelot ou soldat. De là des conseils de guerre et des tribunaux maritimes.

Dans des temps de révolution ou de guerre, tous les rapports habituels des citoyens sont changés. Telle action, qui était auparavant innocente ou d'importance médiocre, peut devenir très grave et très nuisible. Et dans ces mêmes temps de trouble, peut-être la justice ordinaire manquerait-elle de zèle ou de lumière pour démêler les complots entrepris contre la sûreté de l'État. De là des juridictions politiques et des états de siége.

Tout ceci est pour les individus. Leurs faits et gestes s'accomplissent dans des circonstances toutes particulières. Il est bien que de pareils actes soient soumis à l'investigation d'hommes spéciaux.

Et quant à l'intérêt public, on voit aussi que, suivant différentes positions, les mêmes actes l'affectent diversement.

Une simple contravention de police, commise par un citoyen dans les circonstances ordinaires, causera au bien général un préjudice léger. Une désobéissance d'un factionnaire à son officier, pourra quelquefois compromettre le salut d'une armée entière. Des infractions semblables à celles-ci ne doivent être jugées que par des magistrats de la sévérité desquels l'Etat soit bien sûr. Plus graves sont les risques que peut encourir la chose publique, et plus la chose publique doit être gardée fortement. Il faut donc, dans certaines circonstances, relativement à l'intérêt de tous, des juridictions exceptionnelles.

Dans les délits de pêche, une juridiction exceptionnelle se motive sur ce double fait de la spécialité du délit en lui-même, et de l'importance particulière de l'intérêt public qui s'y rapporte. Pour bien comprendre un délit nautique, il faut être un peu marin. Pour bien réprimer un délit public, un délit par lequel aucun intérêt privé n'est affecté d'une manière immédiate, il faut être plus en dehors des influences privées ou locales qu'on ne l'est, d'habitude, dans les degrés inférieurs de la juridiction ordinaire.

Une autre raison encore recommande l'exception pour la justice des délits de pêche, c'est que, géographiquement parlant, les tribunaux correctionnels ne sont pas situés convenablement pour la bien exercer. Le tribunal correctionnel dont le pêcheur est justiciable se trouve souvent à une distance assez considérable de la côte : c'est là un inconvénient très notable.

Les juges des différends de commerce se tiennent dans les places de commerce. Les juges des infractions militaires suivent les armées. Il faut placer les juges des délits de pêche sur le littoral.

Une objection d'un autre ordre peut être faite au système que je mets en avant. Les fonctions judiciaires dont se trouveront investis les commissaires d'inscription maritime, ne les empêcheront-elles pas de vaquer, aussi bien qu'ils pouvaient le faire auparavant, à leurs fonctions administratives? Je ne le pense pas. Si mon plan leur attribue les jugemens, d'un autre côté il leur ôte la police. Il faut faire attention qu'aujourd'hui les administrateurs d'inscription maritime sont chargés de la police de la pêche. Est-elle exercée en effet? Sans doute elle ne l'est que fort imparfaitement. Je ne crois pas que, dans l'état actuel des choses, il soit possible aux commissaires d'inscription maritime de bien s'acquitter de ce devoir; ils n'ont pas pour cela les élémens nécessaires: toujours est-il que ce devoir est censé le leur. Or, mon plan les en exonère pour le confier entièrement aux officiers de vaisseau. Si donc, dans ce système, les commissaires ont en plus la justice des délits, ils auront en moins leur recherche et leur poursuite. Toute compensation faite, il ne semble pas que l'arrangement doive avoir pour résultat d'augmenter la tâche de ces administrateurs.

Nouvelle objection : les juges proposés, même les juges d'appel, seront, pour la plupart, amovibles. Je reconnais que cela est un défaut. L'amovibilité des juges est, en général, un inconvénient. Peut-être cependant, pour le cas spécial qui nous occupe, l'inconvénient n'est-il pas aussi grand qu'on pourrait le croire au premier abord. Ce ne sera pas la considération qui fera défaut à ces magistrats; ils en tireront suffisamment, croyons-nous, de leur position dans le service public. Examinons d'ailleurs quelles sont les raisons de l'inamovibilité et comment elle agit.

L'inamovibilité élève le magistrat et lui confère de la dignité de deux manières : 1° par la permanence du traitement; 2° par la permanence facultative des fonctions.

Le magistrat inamovible ne peut déchoir de ses moyens pécuniaires; il ne peut tomber dans la pauvreté; il ne lui est pas nécessaire de se livrer à aucune industrie; le magistrat inamovible n'a besoin de personne. C'est là une première cause de considération. L'inamovibilité agit encore d'une autre manière, et produit sur l'esprit des hommes un autre effet plus puissant. Lorsqu'un magistrat est revêtu de ce caractère, il ne tient qu'à sa seule volonté de présider, toute sa vie durant, aux intérêts de ses concitoyens. Le privilége est, à coup sûr, fort beau, et son influence ne peut qu'exercer l'action la plus salutaire.

Les juges que nous proposons d'instituer ne posséderont pas ce privilége, nous le reconnaissons. Mais sur le premier point, sur le point du traitement, l'avantage de l'inamovibilité leur appartiendra en partie, puisque l'Etat leur doit des pensions de retraite. Sous l'égide de nos lois et ordonnances, beaucoup de fonctionnaires de l'Etat peuvent être, au fond, sous le rapport du traitement, considérés comme inamovibles.

Nous dirons ensuite que l'inamovibilité convient surtout en vue des causes civiles. Un des principaux objets de l'inamovibilité consiste à rendre impartial. Or, l'impartialité est une vertu plus difficile lorsqu'il s'agit de débats entre intérêts privés, que lorsqu'il faut se prononcer sur une action publique. Et c'est seulement d'actions publiques que les juges dont nous parlons auront à connaître.

Telles seraient nos réponses aux objections que nos idées rencontreront sans doute, et nous sommes loin de nous flatter de les avoir toutes prévues.

Nous avons parlé là d'une affaire importante. Des hommes plus habiles que nous y ont réfléchi; cependant beaucoup de questions qui s'y rapportent ne semblent pas avoir encore reçu de solution satisfaisante; c'est pourquoi nous avons voulu aussi en dire notre sentiment. Nous croyons que l'industrie de la pêche côtière retirerait, à la longue, des mesures indiquées, un bien considérable.

Dans notre opinion, la quantité de poisson qui se trouve sur les côtes de France pourrait devenir deux fois plus grande. Cela n'est pas dit au hasard. Ce mot deux fois se fonde sur le rapport que présentent, dans un autre pays, probablement sous l'empire d'habitudes plus sages et de lois mieux entendues, le développement du littoral et le chiffre de la population adonnée à l'industrie de la pêche côtière, rapport qui montre cette population deux fois plus condensée dans ce pays que chez nous. C'est ce que nous observions en commençant.

Je ne pense pas que, si le poisson est rare sur nos côtes, cela soit la faute de la nature ; mon avis est que cette pénurie provient bien plutôt de l'imprudence des hommes. Tel est le motif qui m'a déterminé à exposer mes vues de changement.

FIN.

www.ingramcontent.com/pod-product-compliance
Ingram Content Group UK Ltd.
Pitfield, Milton Keynes, MK11 3LW, UK
UKHW022127260726
13993UKWH00003B/1287